吴波 著

服装效果图与时装画

纺织服装类『十四五』部委级规划教材

东华大学 出版社·上海

图书在版编目（CIP）数据

服装效果图与时装画 / 吴波著. -- 上海：东华大学出版社，

2023.8

　ISBN 978-7-5669-2249-6

Ⅰ.①服… Ⅱ.①吴… Ⅲ.①服装设计－效果图－绘画技法

②时装－绘画技法 Ⅳ.①TS941.28

中国国家版本馆 CIP 数据核字 (2023) 第 142908 号

责任编辑　谢　未

版式设计　赵　燕

封面设计　Ivy哈哈

服 装 效 果 图 与 时 装 画
FUZHUANG XIAOGUOTU YU SHIZHUANGHUA

著　　者：吴　波

出　　版：东华大学出版社

（上海市延安西路 1882 号　邮政编码：200051）

出版社网址：dhupress.dhu.edu.cn

天猫旗舰店：dhupress@dhu.edu.cn

营销中心：021-62193056　62373056　62379558

印　　刷：上海龙腾印务有限公司

开　　本：889mm×1194mm　1/16

印　　张：10.5

字　　数：352 千字

版　　次：2023 年 8 月第 1 版

印　　次：2023 年 8 月第 1 次印刷

书　　号：ISBN 978-7-5669-2249-6

定　　价：59.00 元

目 录
Contents

目 录
Contents

目 录
Contents

第一章　服装效果图与时装画概述

服装效果图、服装设计草图、时装画、服装款式平面图等所有用图画来传达信息的服装设计表达手段，可以说是服装设计师传递自己设计理念，展现服装整体风貌最基本、最有效的表现方式（图1-1～图1-4）。

图 1-1 服装效果图（吴波绘）

图 1-2 服装设计草图（江文卓绘）

图 1-3 时装画（克里斯蒂安·拉夸绘）

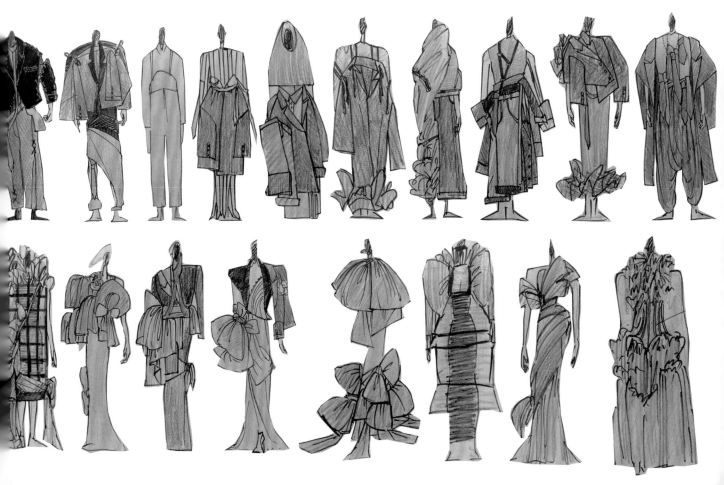

图1-4 服装款式图（黄玮龄绘）

　　通过服装设计表达可以综合、全面地体现出设计师的概念、创意、造型特征、色彩配置、款式细节、面料选用等多方面的信息。设计师根据具体需求与目的，可选择绘制服装效果图、时装画、设计草图、服装款式图，既可以单项表达，也可多项叠加并用。在参加一些大型服装设计比赛时，要在图面上用尽可能丰富的表达手段，充分甚至夸张地表现出参赛者的设计思想，而在作品集的准备中，从灵感来源、思维发散的草图绘制到设计定稿，则更需要用到多重表达手段来诠释设计的产生与发展。

　　无论是服装效果图还是时装画，其绘制都是借助于绘画形式，以绘画为表现手段而完成的，因此，需要设计师了解从三维向二维的转变，从立体模型向绘画线条的转变，必须具备较好的素描、速写、色彩等绘画基础。绘制时首先要研究人体，进行大量的人体动态速写练习，其后系统地学习各种绘画材料的使用，之后才有可能在短时间内抓住人物动态并将其描绘出来，

将人体的比例理想化、动作风格化，并将着装状态生动、准确地表达出来。但是，这并不等于说有了一定的绘画基础就可以画好服装效果图和时装画，因为其与普通绘画有很多不同之处。

　　一般来讲，以表达服装为主旨的服装效果图和时装画是运用服装的语言进行的带有专业性和规范性的一种表达形式。它首先要表现服装的款式结构、色彩配置、材料肌理等，其次才是传达和体现服装造型的视觉美感。服装效果图与时装画因作用不尽相同，在表达方式上各自有所侧重。

　　为明确服装效果图与时装画的区别，本书中将以阐释设计意图、对流行趋势进行预测与播报为主要目的、比较具象的时装绘画，归类为"服装效果图"，含服装设计草图、服装款式平面图；以相对抽象与概括的绘画手段表现，提升服装艺术理念或品牌审美概念的，归类为"时装画"。这是从其主要功能与表现形式进行归类，不排除其中的例外和设计师个人的多样性选择。

1.1 服装效果图的概念与范围

服装效果图是通过专业、规范的形式来表现服装与服饰艺术设计的绘画形式，从设计、应用的角度可涵盖服装设计草图和服装款式图。

1.1.1 服装效果图

服装效果图是服装设计师所必备的知识和技能之一，是服装设计师表达设计构想、诠释设计思维和设计风格的有效手段，作为服装设计的依据，带有很强的说明性质，要充分地表达设计结构，模拟服装穿着的效果，一幅好的服装效果图可以从直观上给制版师等协助设计师工作的人员提供参考，从而让人更准确地理解设计师的构想，使服装的完成品忠实于设计师最初的设计想法。当下由于越来越多的服装需要由制版师、工艺师共同完成，甚至很多服装在海外制造，服装效果图、款式图、工艺流程及说明发送到千万里之外，以便不同语言的人们共同完成一件服装，因此，服装效果图中准确度、比例、细部都是关键，是行业内无国界的"专业语言"。服装效果图是设计师在构想与草图的基础上对服饰具体细节的完善，注重表现服饰的款式、材质、色彩与工艺结构，强调服饰在人体上的塑造关系，并可辅以款式图、细节处理、面料小样、工艺要求等（图1-5、图1-6）。

用于流行趋势预测及播报的服装效果图多发表在时装专业杂志上，如《国际面料》（*International Textiles*）、《职业时装》（*L'Officiel De La Mode Et Du Couture*）等，以传达最新的流行趋势为主要目的，绘画手法因宣传重点不同而风格多样（图1-7、图1-8）。

图 1-5 以敦煌元素为灵感的设计效果图（刘元风绘）

图 1-6 设计大赛效果图 （江文卓绘）

一年纸间

第22届"虎门杯"国际青年设计（女装）大赛
The 22nd Humen Cup International Youth Design (women's wear) Competition

图 1-7 塔尼亚·林为美国 *Elle* 杂志 2000 年秋冬潮流预报所作的原创插画

图 1-8 时装画在早期时装杂志中常用作封面

图 1-9 服装设计草图一（江文卓绘）

1.1.2 服装设计草图

　　不同于服装效果图的详实，服装设计草图是设计师快速捕捉与记录灵感的便捷绘画手段，是设计师头脑风暴和创意思维拓展阶段一项重要的构思收集方式，为服装效果图的雏形。服装设计草图的第一个特点为快速性，可随时随地记录当下迸发的设计灵感；其第二个特点为概括性，设计草图要求能够体现服装的整体廓形、重点细节、色调氛围等外在风格感受，而对服装的工艺、面料等具体细节不做过多考量。通过大量的设计勾画，将设计元素进行不同的排列组合，设计师可尝试不同的比例结构和色彩搭配来寻找最佳的设计形式（图1-9、图1-10）。

图 1-10 服装设计草图二（江文卓绘）

1.1.3 服装款式图

服装款式图具有工整、详细、清晰等特点，以一目了然地展现服装款式、结构和工艺细节为主要目的，广泛地应用于生产、贸易等环节。规范的款式图绘制将服装设计信息准确地传递给生产部门，为服装裁剪、面料选定提供依据，在实际应用中具有较高的参考价值。设计师在绘制款式图时应明确绘制范式，将服装的结构线、省道、部件等工艺细节交代明了，可使用手绘或电脑绘制等方式。从服装设计的整体程序上来讲，服装款式图是设计能够实现的起点，也是服装能够产业化的重要步骤之一（图1-11、图1-12）。

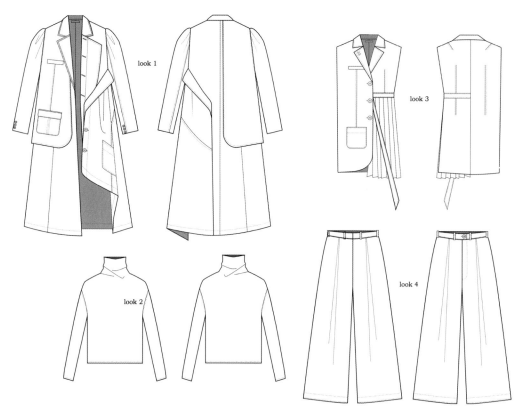

图 1-11 电脑软件绘制服装款式图（江文卓绘）

图 1-12 手绘服装款式图（孙玥绘）

1.2 时装画的概念与特点

时装画也可称为时装插画、时装宣传画，是通过绘画艺术表达时装设计，为时装品牌、服装设计师、流行预测机构、设计赛事、商场等进行服装领域的宣传和信息传递，侧重于理念的传达与艺术观赏性，多出现在报刊、橱窗、海报、广告等处，作为赛事、商业宣传等吸引观众与消费者的有效手段。时装画没有固定的艺术风格和创作手法，其重点不在于交代服装的结构与工艺，画面不一定完整地展现服装，而更强调对于特定的情绪及氛围的渲染，以多样的艺术风格表达服装设计的主题和思想内涵。时装画有的出自服装设计师之手，有的由专业插画师来完成。"时装画家有条件选择性地强调某个特殊的形象，使人物超越服装，或是突出服装以超越人物形象，同时也可以传递一种意境、一种氛围——无论是以幽默的方式还是运用情感的方式。时装画家所具有的传递设计师理念的能力，常常能拉近观众与作品的联系。"（图1-13、图1-14）

服装设计师和时装画家以记录当下的各种流行现象，为服装业提供最新消息为目的，他们在创作过程中有极大的自由来抒发时代精神，由此创作出富含个人审美与时代气息的时装画作品。

图1-13 芮内·格鲁奥为《费加罗夫人》所作的克里斯蒂安·拉夸原创时装画

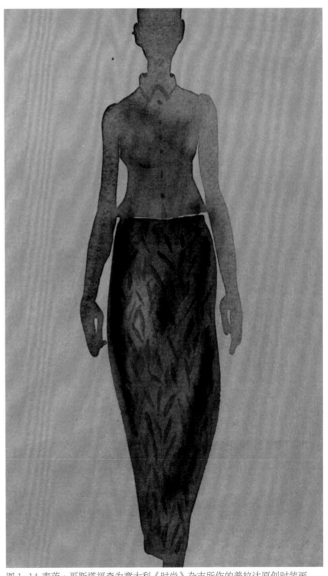

图1-14 麦茨·哥斯塔福森为意大利《时尚》杂志所作的普拉达原创时装画

1.3 功能与审美

1.3 .1 服装效果图的功能性

　　服装效果图在照相术出现之前广泛用于产品的宣传与推广，当一季新的产品完成，就由服装插画师按照服装样式以绘画的形式比较"忠实"地再现出来，印制在产品推广的宣传册上，供人选购。当照相术出现后，照片以更加真实的效果逐渐取代了服装效果图的记录、推广功能。服装效果图也由最初单一记录服装款式的功能，逐渐演变成表达设计意图、预测流行趋势等多功能，在服装设计流程中的作用日益重要。由于我国一直以来都是以师傅带徒弟的形式传授服装制作与设计的技能，在20世纪80年代才开设服装设计专业教育，对较早开设服装设计专业的国家在授课体系和内容上有借鉴也有创新。就服装效果图来讲，其伴随着服装与服饰设计的发展与普及而逐渐形成自身的体系，并逐渐构建符合大众审美的表达形式。

　　人们在对于以表现服装着装效果为主要目的的绘画方式还没有足够的认知之时，只是觉得它比传统的设计方法更为有效，因为传统的服装设计以裁缝为主体，往往是在没有一种具体的、明晰的造型情况下，凭借已有的经验在衣服的裁片上作反复的改动和调整，成型后不满意又拆开在裁片上再做修改，然后再成型，直到满意为止。服装效果图则是将设计师的设计构想先在纸面上完整地表现出来，而后依据设计图，从平面制版或立体剪裁再到样衣的制作、修改，到成品的完成而逐步成型的，这样既能避免反复修改的麻烦，又能充分体现设计师的设计风格，是比用面料来裁剪缝制服装样品、表达设计意图更为准确、快捷的一种手段。

　　服装效果图作为服装设计的第一个环节，主要是体现服装设计师的设计构想和设计立意。在设计之前，设计师常常是先形成一种相对完整的构思，接下来才通过纸和笔绘制出设计效果图，并对其着装者的体形特征及服装的结构、色彩、面料、配件等逐一进行描绘。在很多服装公司中，也常会提前为设计师提供所要采用的面、辅料，设计师根据材料有针对性地进行设计，避免了天马行空的想象所带来的不必要的浪费。

　　从一定意义上讲，绘制服装效果图也正是设计的开始，设计效果图绘制完成后也就意味着设计的方案和服装造型基本确定下来。当然在后来的各个实施环节中也会有一些调整和修定，但一般不会有太多的变动。正因为如此，在对于用作实际生产的服装造型的处理中，应注意在一些具体结构上给予充分的表达，以利于工艺制作诸多环节的顺利实施。同时，在服装效果图的绘制过程中，不可忽视服装的细部表现，如省道、开衩、褶裥、带子、扣子等。另外，还应对与服装相关的装饰配件有相应的表现，如帽子、眼镜、围巾、腰带、手套、包、鞋、袜、首饰（包括头饰、耳环、项链、胸饰、手镯、戒指等），以陪衬主体服装而形成完美的整体效果。

　　当然，不要理解为在一张服装效果图中要将所有的装饰配件全部罗列出来，而是根据服装造型的需要和着装者的内在气质进行适度的选择。例如：在棉服的设计效果图中，其配件应以帽子、手套、围巾为主；而在一套晚礼服的设计效果图中，其配件则应以首饰、鞋为主。要做到服装与配件的搭配既有其功能性又得体、自然，更充分地烘托出设计的特色（图1-15、图1-16）。

图1-15 由提休斯·奥林匹克设计的好莱坞男装外套广告招贴

图1-16 为品牌宣传服务的效果图（温馨绘）

1.3.2 服装效果图与时装画的审美性

服装效果图与时装画都是以绘画作为基础手段来完成的，但相较于服装效果图的严谨，时装画往往可以不拘泥于具体的服装款式和工艺手段，通过张扬的个性和鲜明的艺术特征来突出服装的艺术感染力，传递时尚信息，因此更具有艺术情趣和审美价值。

首先，服装效果图与时装画中的人体造型是经过夸张和艺术处理的，其比例较普通人体更加修长和夸张，形体追求完美，气质追求个性化，随着时代审美时尚的变迁，服装人体的造型也在不停地变化，这与人们当时的审美观念、艺术思潮、服装文化密切相关，体现出一种极强的时代感，这也正是其审美特征所在。其次，服装效果图与时装画中对于人体姿态和人物形象的表现，常常采用简练、概括的刻画手法，力求达到以少胜多、主次分明而突出和强化服装的美感。在时装画的

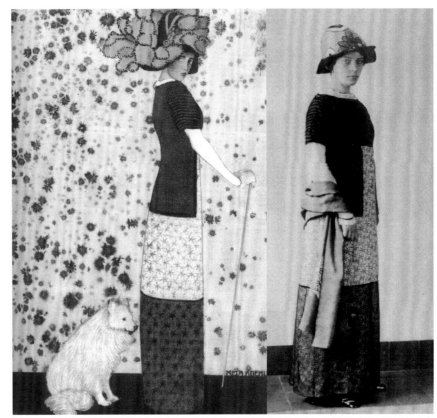

图 1-17 在马拉·柯勒的时装画作品中，服装与模特都流露出优雅的风范，体现了时装画家对服装的主观表达

图 1-18 以时装摄影为蓝本创作的时装画（塞西莉娅绘）

整体把握上，则更多地追求一种造型艺术所常用的形式美法则，通过构图的处理、线条的运用、色彩配置以及表现技巧等，寻求一种个性化、感性化的表达状态。

虽然就服装效果图的本质功能来讲，它与一张建筑设计效果图或一张工业产品设计效果图是一样的，但时装毕竟是直接对于人体的"包装"，因此时装画中自然而然地注入了更多个性因素和情感因素，有其更加人性化的一面。

由于服装效果图所要表现的内容和目的是服装造型本身，从这一要素上看，它与绘画有着本质的区别。服装效果图是借助于人体来体现服装造型美的，人体美与服装美是相辅相成、缺一不可的，最重要的是表现服装与人体之间的和谐统一，以及两者在交融互动中所产生的视觉之美。时装画因为不拘泥于设计本身的限制，赋予模特形体和服装设计独特的诗意，在表现上蕴含了更多的可能性，为艺术风格诠释的多样化营造了广阔的空间，是其他媒介所不能复制的。

随着服装设计教育的深化与互联网资讯传播速度的加快，涌现出许多以国际时装周发布会、时装杂志大片为蓝本而创作的服装效果图和时装画，在形式与内容上都更好地提升了服装艺术性的一面，也在审美层面带来新的认知（图1-17~图1-20）。

图 1-19 以时装摄影为蓝本创作的时装画（塞西莉娅绘）

图 1-20 以时装杂志大片为蓝本创作的时装画（袁春然绘）

1.4 艺术法则

1.4.1 夸张

夸张手法在时装绘画中体现在对服装造型的夸张和对人体造型的夸张两方面。对服装造型的夸张强调了服装结构中最具特色的部分，使它以最引人注目的姿态出现，通常在服装的肩部、胸部、腰部、臀部、裙摆等部位做夸张。对人体的夸张则体现在人体比例上的拉长，修长的四肢，以及胸、腰、臀的曲线美等。人体的夸张通常与服装造型的夸张相呼应（图1-21、图1-22）。

1.4.2 节奏

就像动听的音乐一样，在服装绘画中也要注意画面的节奏，这样才能给人以美的享受。画面中点、线、面的组合，色彩浓淡的处理，装饰物聚散的点缀，直线和曲线的变化等，都能产生一定的节奏感。善于运用人体动态、服装款式、色彩配置的艺术处理会使画面具有和谐的韵律感（图1-23、图1-24）。

图1-23 两个人物用相近的动态，通过线、色的不同布局给画面营造出跳跃的节奏感（郗心羽绘）

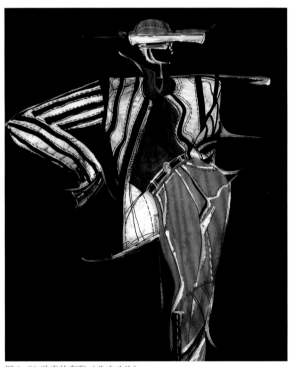

图1-21 动态的夸张（苏峻瑶绘）

图1-22 人体与服装造型的夸张相呼应（程卓琳绘）

图1-24 借用不同大小、疏密的圆点元素所形成的画面节奏（江文卓绘）

图 1-25 省略人物面部细节，简化四肢，以突出服装造型（钟宇阳绘）

1.4.3 省略

"用意十分，下语三分，可见风雅；下语六分，可追李杜；下语十分，晚唐之作也。"在服装设计及其表达手法中，应有所取舍，并非愈繁复就愈有内容，删繁就简才能使想要表达的内容更突出、更明确。时装绘画作为一种艺术形式，汲取很多绘画种类的营养，又从其中跳脱出来，形成自己的风格。面部的简化、细节的淡化、图案的弱化等，都是为了使设计的主体更突出（图1-25、图1-26）。

1.4.4 对比

服装造型的变化、色彩的运用、面料质感的差异，都会使服装本身形成鲜明的对比，也会因两种物体的并置形成虚实、明暗、大小、松紧、强弱等对比，产生丰富的形式美感。设计要素在对比中被强化，产生更大的视觉冲击力，达到主次分明、重点突出的效果，正所谓"疏可跑马，密不透风"的道理，但在设计中应用对比的同时，一定要注意"度"的把握（图1-27、图1-28）。

图 1-26 局部设色、多处留白，营造遐想的绘画意味（李施怡绘）

图1-27 上衣图案的细化处理和裤子自然流淌的水迹形成饶有趣味的对比效果（靳丹妮绘）

图1-28 以细密的线条刻画饰品和皮草部分与上衣和裙子的留白形成鲜明的对比效果（闫籽岐绘）

1.5 绘制服装效果图与时装画的基本知识

时装绘画，除了对于其基本理论上的认识以外，还应该对绘制时所要准备的各种工具和材料有较为清楚的了解，娴熟地运用这些工具，掌握绘图的基本方法和步骤，使用正确的绘图姿势，理解时装绘画的构图，发挥不同绘画材料的特性及优势。

1.5.1 绘制用具

时装绘画的工具主要有笔、纸、颜料、画板、胶带等。当然可依据自己的喜好、习惯和特殊要求进行多种多样的选择，常用的有下列种类：

笔

时装绘画的用笔主要有三类，即画初稿用的铅笔、涂颜色用的毛笔、勾线用的勾线笔。

画初稿用的铅笔：常用的是软硬适中的HB铅笔。太软的铅笔颜色很重、易变粗，使用不当会污浊画面；太硬的铅笔颜色浅淡，不便拷贝。自动铅笔也是必备工具之一，很适合刻画细节以及在拷贝过程中应用。普通铅笔在勾画线条时比较随意、生动，更具有表现力。

涂色笔：用来涂颜色的笔一般有白云笔（圆头毛笔，分大白云、中白云和小白云三种）、画水粉画用的水粉笔（扁头毛笔）和画水彩画用的水彩笔（分圆头和扁头两种）。这些笔一般以羊毫（指羊毛）和狼毫（指黄鼠狼毛）混合制成（一般称为兼毫），既含水量大又略有弹性，使用较为方便。

勾线笔：勾线笔一般分为两种，即硬线笔和软线笔。硬线笔通常有绘画笔（也称针管笔，粗细分0.1mm至0.9mm等）、速写钢笔（也称弯尖钢笔）、签字笔、书写钢笔等。与硬线笔相配的是黑色碳素墨水。软线笔常用的有衣纹笔（国画中用来画人物的衣纹）、叶筋笔（国画中用来画叶脉、花瓣等）、小红小蟹爪等，一般毛锋长而尖，便于使用。

纸张

用于时装绘画的纸张一般有水彩纸、水粉纸、素描纸、复印纸、白板纸、白卡纸及各种有色纸、底纹纸。根据时装画的大小可裁成4开、8开、16开等。

颜料

用于时装绘画的颜料一般有两大类别：第一类是以水彩为代表的覆盖力较弱或没有覆盖力的透明色，如袋装水彩、瓶装水彩、国画颜料、饼状水彩、透明水色等；另一类是以水粉色为主的具有覆盖力的不透明色，如袋装水粉、瓶装广告颜料、丙烯颜料等。

除了以上的两大类别的颜料之外，另有一些笔型颜料也常常用于时装绘画，如各种彩色铅笔、水溶性彩色铅笔、各种水彩笔、马克笔、油画棒、色粉笔等。

画板

常用的画板有木质对开画板、四开画板及八开画板等，用时一般放在画架上或斜放在桌面上。另外，还可以使用画夹及各种塑料画板等。

辅助性工具

除了以上所讲的主要工具，另有一些辅助性工具，一般有：用于调颜色的各种调色盘或调色板；用于洗笔的水罐或水桶；用于裁纸的尺子、裁纸刀、剪刀等；用于固定纸张的胶带、胶水、双面胶带、夹子、图钉等；用于拷贝的各种回形针等。

时装绘画的用具不求高档，但求齐全，便于使用或习惯使用即可。

1.5.2 绘制时的正确姿势

在画图之前，应先掌握正确的绘图姿势。很多学生习惯于趴在桌面上画图，距离画面很近，这样不利于整体观察画面，只能看到人体的一个局部。另外，将图平铺在桌面上，使人脸和画面产生一定的角度，透视关系会有所变化，不利于调整比例关系，易造成比例失调的后果。

正确的姿势是使人脸和画面之间保持基本平行的关系，使用带支架的画板或一些辅助物品，使画板和桌面之间产生30度至45度的夹角，让人脸和画面之间接近平行状态，这样可以整体地观察画面，适时调节人体比例，把握构图，调整好画面。正确的绘图姿态和习惯会产生事半功倍的效果。

1.5.3 构图

服装效果图的构图以完整表达设计想法为出发点，画面中的人物布局往往四平八稳，而时装画的构图则更为丰富多变，个性化和风格化的构图更多一些。时装画的构图是建立在艺术的审美标准和个人风格习惯之上的，注重创造性和多样性，形式感会更强一些。

通常采用的构图形式有下列几种：

一人构图

当画面中只有单个服装人体时，人体与其周围的空间就形成了对比。通常情况下，我们会把人体置于画面的中心，大小比例适当，构图时人体在画面上的位置一般是上边的空白略小于下边的空白，保证画面的完整性，这样就形成一个均衡的构图形式，这种构图常用于服装效果图。如果服装人体置于画面中的左或右，空间就产生了变化，形成一种不均衡的构图，根据服装款式来决定单个服装人体的位置，使时装画更具有"画"的意味（图1-29）。在很多时装画中，为突出表现服装的部分，头、手、脚等都有可能被置于画面之外，需注意画面虚实空间的处理（图1-30）。

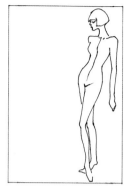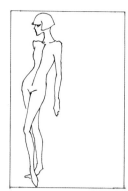

图1-29 一人构图（吴波绘）

图1-30 一人构图（吴波绘）

两人构图

以两人构图时，需要注意画面中两人的相互关系和虚实空间的细微差别。这种相互关系一般是通过人体的大小、远近，动态的呼应关系，图面的向心性等因素来体现的。把画好的单个人体两两组合在一起，根据服装造型的不同来决定构图的形式（图1-31、图1-32）。

多人构图

采用多人构图时，要善于从人体动态的一致性、协调性和组合方式进行表现，力求使图面疏密空间处理得当，具有一定的层次感，避免图面结构松散和零乱（图1-33、图1-34）。很多参赛效果图会采用平行式构图来完成，使每一款服装在图面上都能清楚地表现出来，不因人物远近、大小等透视关系形成有主有次的错觉（图1-35、图1-36）。在多人构图的练习中，可尝试选择4至5个不同动态的人体随意组合，不仅在同一平面上，也可在空间上有所变化，多做几次练习，很快就能体会到构图的乐趣（图1-37、图1-38）。

图 1-31 两人构图（吴波绘）

图 1-32 两人构图（李可杉绘）

图 1-33 多人构图（吴波绘）

图1-34 多人构图（孙玥绘）

图1-35 多人构图（李楠慧绘）

图1-36 多人构图（闫籽岐绘）

图 1-37 多人构图一（吴波绘）

图 1-38 多人构图二（吴波绘）

1.5.4 绘制要点

构图的方法

根据事先预想的构图，先用铅笔在图面上轻轻画出人体的大形，随即完整地画出头部、躯干、四肢及手脚的基本形态。然后依据人体动态画出服装穿着在人体上的大致感觉，确保服装附着在人体之上，注重人体与服装之间的透视、呼应关系，并仔细推敲人体与服装相对应的各个部位的内外空间处理。最后刻画人体显露在服装外面的各个部位，直至取得理想的服装效果为止。

拷贝的方法

初稿纸上由于反复修改人物的动态、着装等，线条凌乱，画面污浊，不利于着色和勾线，因此用拷贝的方法将满意的设计效果图由初稿纸拷贝到正稿纸上。这一步骤看似简单，但很重要，力求做到准确无误，把初稿中生动传神的东西保留下来。

用于拷贝的拷贝纸（也称硫酸纸）是一种透明并有韧性的专用纸，分厚、薄两种。

具体的操作方法：

①先用拷贝纸将初稿拷贝下来，再通过拷贝台将拷贝稿拷贝在正稿纸上。

②在没有拷贝台时，可以先在初稿纸背面用铅笔涂上铅粉或用粉笔沿有线条的部分涂上颜色，而后，初稿纸在上（有铅粉的一面朝下），正稿纸在下，用硬度大一些的铅笔将初稿直接拷贝到正稿纸上。

③简易的拷贝方法是把初稿纸和正稿纸重叠放好、固定，对着有阳光的玻璃窗进行拷贝。

目前有多种便于使用的小型拷贝台可以购买到，为拷贝正稿提供了便利条件。

着色的方法

拷贝好的正稿即可着色，在正式着色之前，一般需要在与正稿纸相同的纸上先尝试颜色的深浅，水彩、水粉颜料的色彩饱和度及服装色彩搭配的效果，当确定最理想的服装色彩搭配效果后，再在正稿上着色。

正稿的着色方法

先画皮肤的颜色，皮肤被服装包裹，处于内层，皮肤色的深浅、冷暖需要根据服装颜色来定，使两者在整体色彩关系上形成统一的色调。画皮肤色的用笔应简练、概括，特别是四肢的用笔，不求面面俱到，但求生动传神。

后着服装的颜色。服装着色的运笔方式应依据服装的结构和转折关系来变化，按预想的画面效果，确定平涂或表现有光影的立体效果。一般顺序是从上至下，从左至右逐次着色，表现服装的明暗变化时，先上浅色，再着深色部分，深色易覆盖浅色，可防止弄脏画面。另外要注重服装整体与局部的关系，突出服装的面料质感和造型结构特征。

勾线的方法

待图面的颜色干后即可勾线。勾线时其用线要重点考虑服装的结构和面料的质感表现。线在效果图中常常起到强化服装结构的作用，因此，在用线上要力求准确、概括，突出服装效果图的整体艺术风格。

思考题：

◆ 服装效果图和时装画的主要区别是什么？

◆ 服装效果图和时装画有哪些适用的艺术法则？

◆ 服装效果图与时装画的审美特点如何体现？

第二章　服装人体的艺术表现

2.1 服装人体概述

　　服装人体区别于传统人体艺术绘画中的写实人体，不强调骨骼、肌肉以及人体的自然状态，是在传统的方法中模仿人体，但又进行夸张、提炼、概括处理，削弱自然体态。与真实的人体相比，服装人体更加趋于理想的状态。服装人体以修长、优美为主要特征，以8头半身为标准的人体。在训练时不强调明暗调子和光影变化，只用简单的线描来刻画，着重于人体动态、身体比例的夸张与协调。服装人体是为了展示服装，通过人体来表现服装款式，而不是单纯表现人体。学习服装人体最重要的是要在短时间内表现出模特的动态，把握好头、躯干、四肢等人体各部位之间的比例关系。

2.2 服装人体姿态的表现

　　服装人体是在自然人体七至八个头长的基础上进行艺术处理而形成的，既有一定夸张又不过于变形，肩、腰、髋的动态更明显，四肢更加修长、舒展，通过美化后的人体来更好地展现服装的特色（图2-1）。

图 2-1 美化后的着装人体（吕彬彬绘）

2.2.1 服装人体比例

服装人体比例是随着服装自身的特性而改变的，但这些变化并不会改变人体的基本形状。在不同时期、不同地域，人体美的审美标准也有所差异。如20世纪60年代早期的形象代表奥黛丽·赫本，瘦而优雅，洗练完美（图2-2）；20世纪60年代中期，长腿成为时尚焦点，人体不再丰盈婀娜，更像"女孩"而非"女人"。20世纪90年代初丰满健硕的女性身材（图2-3）在20世纪90年代末被消瘦、病态、中性化的形象所取代（图2-4），因此在一个时代看似完美的人体可能与另一个时代的审美标准格格不入。掌握人体审美标准的变化，有助于更好地表现出服装的美（图2-5）。

人们为了得到具有普遍意义的理想人体比例，对不同人种的体形、肤色等方面进行了大量的对比、测定和选择之后得出结论：女性最完美的人体比例为八头半身长，即以头长为基准，从头顶到脚底，总长为八头半。这一理想比例为服装设计师提供了良好的创作空间。服装人体之所以高于普通人体，是便于给服装更大的展示空间，在舞台上更鲜明，在图片中更突出，就如服装模特的选择标准高于常人一样，服装人体在画面上也被夸张拉长。

图 2-4 凯特·摩斯

图 2-2 奥黛丽·赫本

图 2-3 辛迪·克劳馥

图 2-5 肯达尔·詹娜

2.2.2 八头半人体的比例

八头半人体的具体比例如下(图2-6):

第一头高:自头顶到下颌底;

第二头高:自下颌底到乳点;

第三头高:自乳点到腰部最细处;

第四头高:自腰部最细处到耻骨点;

第五头高:自耻骨点到大腿中部;

第六头高:自大腿中部到膝盖;

第七头高:自膝盖到小腿中上部;

第八头高:自小腿中上部到踝部;

第八头半高:自踝部至地面。

女性肩峰点在第二头高的二分之一处,肩峰到肘部为一个半头长,肘部到腕骨点为一个头长多些。手为四分之三头长,脚为一个头长。男性肩峰点在第二头高的三分之二处,男人体的腰围线比女人体低。在作为工业生产依据的服装效果图中,多采用八头半至十头身的比例关系,以便于打版师根据其进行打版。但在纯艺术欣赏性的时装画中,头身比例就不存在任何限制,作者可根据自己的创作需要进行任意夸张、渲染(图2-7)。

八头半人体横向也有一定的参考比例,横向比例通常指肩宽、腰宽和臀宽。女性肩宽约一个半头长;腰宽约一个头长;臀宽约等于肩宽或略大于肩宽。男性肩宽约两个头长;腰宽约一又四分之一头长;臀宽窄于肩宽,也可与腰部同宽。这些基本比例可根据服装设计的意图进行调整,在学习的过程中,要先熟练掌握八头半人体比例,再把九个格子的参考线扔掉,依照自己的需求画出合乎比例的服装人体。

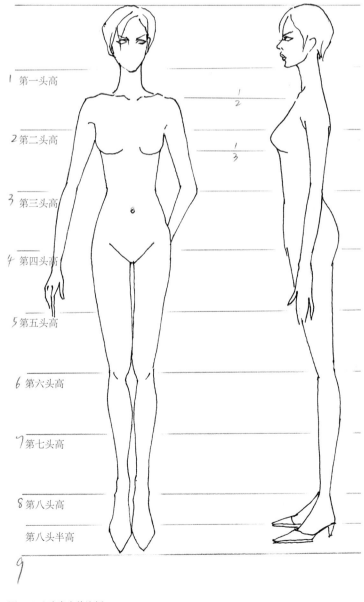

图2-6 八头半人体比例

图2-7 夸张的人体比例(龙诗依绘)

2.2.3 服装人体的夸张部位

东方人的自然人体比例一般是七至七个半头长，西方人的自然人体比例是七个半至八个头长。我们在服装人体中采用的基本比例为八个半头长，是在自然人体比例的基础上，将上半身适度拉长半个头长，下半身夸张拉长一个头长左右，所得到的理想人体比例关系，更适于展示和表现服装。

（1）女人体的夸张部位

女人体具有线条柔和的外形特征，主要的夸张部位是修长的脖子、丰满的胸部、纤细的腰肢、浑圆的臀部。胸、腰、臀的动态关系，头、手、脚的造型等也会被夸张。胸、腰、臀作为女性的特征部位，在设计图中常常被作为夸张的重点，从正面、侧面、半侧面，都应表现出优美微妙的曲线。在下半身的夸张处理上，大腿和小腿都应适度拉长，使整个人体比例显得协调。另外，除了对女性第二性征的强调和夸张，从颈到肩的曲线更能体现出女性的内涵，展现优雅的女人味，也可在服装人体中着重强调和夸张这一部位。总之，女人体的夸张是以优美、典雅为最终目的的。

（2）男人体的夸张部位

男人体躯干宽厚健壮，呈倒梯形，肌肉发达，轮廓硬朗。主要夸张部位是：宽厚的肩部、强健的四肢、有体积感的胸廓、轮廓清晰的下颌、粗壮的脖子等。男性服装人体也是以真实人体为依据的，是真实人体的适度夸张，但它通常省略一些真实人体的内部结构特征，以健康、健美彰显男性气质。

2.3 画服装人体姿态的要点

学习画服装人体就如练习书法一样需要一个过程，在对人体的比例关系、夸张部位有了基本概念之后，就要将注意力集中在人体动态的变化、重心与平衡、前中心线等部分。我们所画的服装人体是简体的形式，最初可依赖于格子获得准确的比例关系，在理解了构成服装人体的原理之后，就可脱离格子的束缚，找到自己的简化方法画出人体姿态，这需要大量的时间和练习才能成功。

2.3.1 人体动态的形成

人体动态的形成主要是由躯干、手臂和腿以及脚的重心来决定的，其中决定动态的主要线条位于躯干内，即三条通过躯干的线：人体的肩线、腰围线和臀围线。这几条动态线经过适度的夸张，使人体姿态更明确，理解这几条动态线的关系，能帮助我们认识人体形成动态平衡的规律。当身体的重心倾移时，肩线和臀线就会出现倾斜度，臀围线会随着骨盆的运动而上下移动，但和腰围线始终保持平行关系。当肩线和臀围线之间的角度越大时，身体扭动的幅度越大，动态也就越夸张。此时躯干的中心线也会出现弧度，随着人体的转动而产生变化（图2-8）。在服装人体的描绘中，即使采用两脚叉开、重心落在两脚之间的姿态，也会刻意强调肩线和臀线的角度，使肩线倾斜，和臀线不平行，表现出动态。

2.3.2 重心与平衡

掌握好服装人体的重心平衡线，是画出的人体能够站稳的关键。重心平衡线的起点位于锁骨和胸骨的交点，即颈窝点，是一条穿过人体到达地面的垂线，和前中心线会随着身体转动而转变不同，重心平衡线始终垂直于地面（图2-9）。

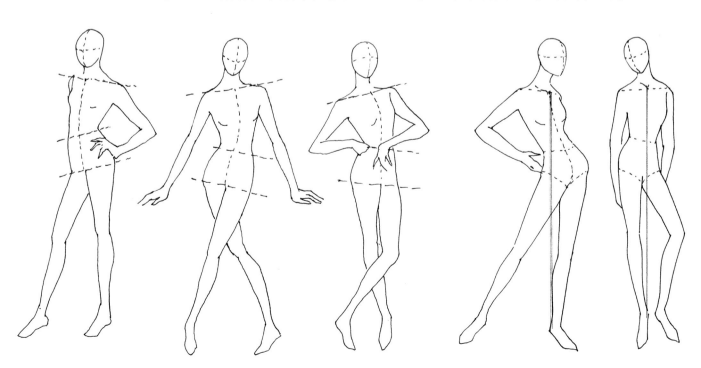

图2-8 人体动态的形成

图2-9 重心与平衡一

当人将身体的重心完全转移到身体的一侧时，整个身体的重量就由一条腿来支撑，这时，从颈窝点向下作垂线，垂线应该落在承重脚处。当站立姿势是两腿都承重时，重心线则落在人体的两脚之间。承重腿的改变和臀围线有直接关系，承受重量一侧的臀部向上提起，骨盆向不承受重量的一方倾斜，臀部低的一侧则是非承重腿的位置。肩部和胸廓向受重方向放松，人体的中心线会随之变化。不承重的头、颈、臂和腿可创造各种姿态（图2-10）。

2.3.3 同一人体姿态的反复练习

对于绘画基础不是很好的学生来说，单一人体姿态的反复练习是一种在短时间内易掌握的学习方法。

经常观看服装表演的学生应该有所体会，模特在T台上行走和亮相的姿式并不多，往往可以归纳为几个经典姿态。如前所述，服装设计表达中的效果图分为两种形式：一种是用于欣赏的效果图，其着意更多的是为表达一种着装方式和氛围，其动态夸张，更注重整体气氛的烘托，并不刻意强调服装结构；另一种是用作生产依据的效果图，它则更加注重服装本身的结构造型，对人物的动态不作夸张的要求。因此熟练地掌握几个不同的人体动态，如表现大领子、胸饰夸张、宽大的袖子，需要有较长的脖子和腰的人体；表现超短迷你裙，要有修长双腿的人体，不同的服装重点要通过对人体不同部位的夸张处理来体现，包括发型、妆容、配饰等多方面的变化，使几个简单的服装人体在自己笔下产生丰富的视觉效果，一样可以达到充分表达自己设计意图的目的（图2-11、图2-12）。

图 2-11 同一人体姿态不同着装练习一

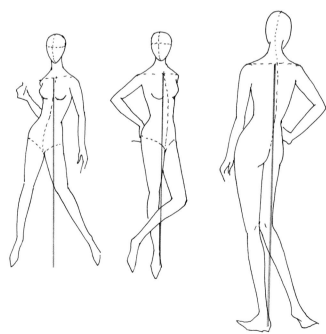

图 2-10 重心与平衡二

图 2-12 同一人体姿态不同着装练习二

2.4 服装人体姿态的训练方法

服装人体姿态是在写实人体的基础上，经过提炼、夸张、概括而产生的，能够充分表达服装、服饰美的造型姿态。一般情况下，可以从以下三个方面获得需要的服装人体姿态：临摹优秀的服装效果图；人体写生后进行夸张；以时装摄影为基础演变成服装效果图。

2.4.1 服装人体姿态的训练步骤

在最初学习画服装人体姿态时可先根据构图需要，在纸面上、下方留出合适的空白（纸的上下端各留出2.5~3厘米），依据选择的姿态，画出头部和躯干部分的中心线，然后画出肩部、腰部和髋部的动势线，注意这三条线除正面平视时是平行线外，其他时候都会形成一定的角度，角度越大，动势越明显。确定肩宽、腰宽和髋宽。依次画出上肢和下肢的动势线，再标出头部五官的位置和发型，由上至下画出颈部、肩部、胸部、腰部、臀部的曲线，以及上肢、下肢和手脚的基本形态，随后画出衣服穿在人体上的感觉和基本式样，特别要注意人体与衣服之间的内外空间关系，最后刻画人体显露在衣服外面的各个部位和衣服的具体结构，以及各种配饰，并反复调整人体与衣服相对应的各部位的相互关系，集中表现着装后人体的整体美感。

可参考服装人体姿态图例（图2-13~图2-18）。

图2-13 服装人体姿态图例一

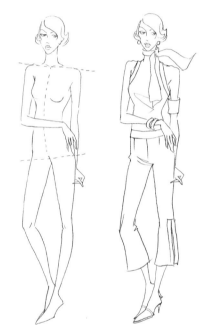

图2-14 服装人体姿态图例二

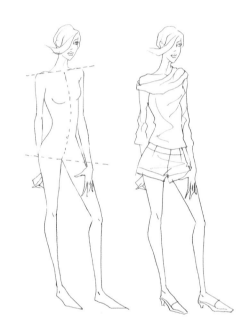

图2-15 服装人体姿态图例三

图2-16 服装人体姿态图例四

图2-17 服装人体姿态图例五

图2-18 服装人体姿态图例六

2.5 服装人体各局部的表现

在描绘服装人体时，掌握了人体的比例关系、动态、重心平衡之后，就要考虑如何用简洁的线条表现复杂的、具有立体感的头部和脸部，以及常暴露在身体之外的手与脚的刻画。在表现脸部时，要区分哪一部分应该强调，哪一部分应该简化，创造出具有个性特征的头部绘画。很多时装画家在描绘服装人体时，把手、脚或面部的眼睛、嘴等部位适当夸张，以确立自己独特的绘画风格。

在表现人体的局部时，始终要从它们的基本结构特征和大形（即整体）入手，把握细节和整体的关系，让细节从属于大形。在服装人体表现中，头、手、脚一般采取简练而概括的处理方法。如果把精力过多地放在人体细节的表现上，就会适得其反，减弱服装人体本身所具有的美感，也易使人忽略服装设计中造型结构的表现。

2.5.1 头型与发型的表现

（1）五官的比例关系

时装绘画中，人的面部五官的比例关系和自然人的面部比例关系是一致的，无论是写实的风格，还是夸张的画法，眼睛、鼻子和嘴的位置是相对固定的，不会因审美随着流行趋势的变化而改变（图2-19）。

根据头部的结构和基本型，我们可以把其正面归纳为一个蛋形，侧面归纳为两个蛋形的组合。当正面平视时，五官的位置可以用"三庭、五眼"法来分配。以头的中心线为基础线，将发际到下颌之间分为三等分，由发际线向下，第一等分线为眉线，第二等分线为鼻底线，第三等分线为下颌线，我们称这三等分为

"三庭"。头顶到下颌骨的二分之一处为眼角连线。嘴的唇裂线位置是鼻底到下颌的三分之一处。在眼角连线上，两耳内侧的距离为五只眼睛长度的和，这为"五眼"。完全按照"五眼"确定的眼睛长度往往不够夸张，因此脸的外轮廓线与外眼角之间的距离可缩短为半只眼睛的长度。两眼连线与脸中心线的交点是鼻子的起点，鼻子基本形的长度是鼻梁宽度的两倍，两鼻孔的宽度与一只眼睛的宽度相等。嘴的长度略大于眼睛的长度。

当头转动时，脸部的前中心线也随之转动，不再是把脸分成相等的两部分，转过去的脸部将产生透视，外侧的脸部看到的多，另一侧脸部看到的少。为了便于描绘出五官的正确位置，可先画出中心线，再依次画出三庭等宽线，在等宽线上标出五官的位置。

（2）耳、鼻的画法

耳朵的外形像窄长的椭圆形，由耳屏、耳轮、对耳屏、对耳轮、耳垂以及它们之间的位置、间距和三角窝组成。描画时要概括地反映出这些结构。耳部在时装画中很少处于视觉中心，所以一般不作为刻画的重点。但要注意耳的正确位置是在眉线与鼻底线之间（图2-20）。

鼻由鼻骨、鼻软骨、鼻翼软骨三部分组成。正面平视的鼻子可用一个梯形、三个圆形来概括，鼻头为一个大圆，鼻翼为两个小圆。侧面平视的鼻子位于脸的外轮廓线上，鼻头是整个头部的最高点，这个角度只能看到一个鼻孔，鼻形整体可概括为一个三角形，鼻头和鼻翼概括为两个套在一起的圆形。鼻头高厚，鼻翼较薄。鼻子的表现，要把握大形和方向，鼻头和鼻翼不要处理得太大，以免显得蠢笨。随着头部的转动，鼻子的透视会发生微妙的变化，当转到四分之三侧面时，看到的一侧鼻孔要比另一侧少，鼻梁的形状比较突出，可以通过写生的手段练习各角度的鼻子造型（图2-21）。

在设计中也可以借鉴动画人物中对鼻子的处理，省略鼻骨、鼻头、鼻翼，只用两个鼻孔的位置把整个鼻型一带而过。因鼻子不是线条，而是块面，笔调越少越好，尽可能简化。

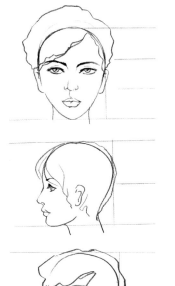

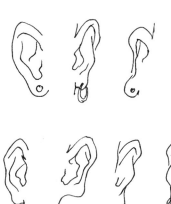

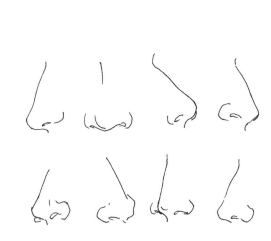

图2-19 五官的比例关系　　　　图2-20 耳朵的画法　　　　图2-21 鼻子的画法

（3）眼睛和眉毛的画法

眼睛的外形像杏核，由眼眶、眼睑和眼球三部分组成。按照中国传统的审美标准，杏核眼最符合人们的审美取向，但在时装画中，眼睛的表现更强调自己的独特风格，如狭长的、妩媚的、单纯的等。不同的眼睛反映不同的性格特征，由眼睛传达出来的内容很丰富，或喜悦、或悲伤、或深情、或傲慢……，在绘图时会逐渐归纳出自己喜欢的眼睛形状，用寥寥几笔就能表达出所有的情绪。

画眼睛时，注意不要把所有的外轮廓线像描边一样都描画出来，那样画出的眼睛显得呆板、不生动。上眼睑的眼裂部分因自身的厚度和阴影，表现时可加重笔调，使其具有深度感，下眼睑的眼裂可轻些。眼球包裹在上眼睑内，其本身呈球状体，瞳孔和眼珠是两个同心圆，约三分之一的部分隐藏在上眼裂中，瞳孔为黑色，可加重留出二至三个反光点，眼珠的颜色略浅于瞳孔。睫毛从眼睑中长出，其末端向上翘。

眉毛分为上、下两列，眉头朝上，眉梢朝下。在时装画中常常把眉毛归纳成一条线，通过眉峰的位置来表达情绪：比较平滑、圆顺的眉形使人显得温柔可亲；眉头压低、眉峰在后三分之一处、眉梢高挑的眉形显得人高傲、不易接近；八字眉更多的用在儿童面部的表现，显得乖巧可爱。眉毛和眼睛形状的配合很重要，对反映人物的表情有一定作用（图2-22）。

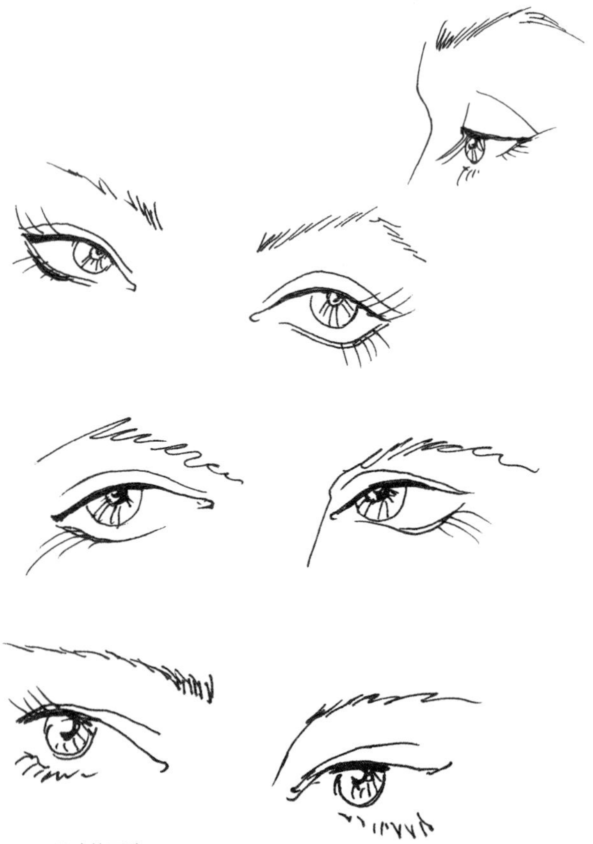

（4）嘴的画法

嘴部的结构有上唇、下唇、上唇结节、嘴角及其附近结构人中、唇侧沟、劲唇沟。唇形的刻画在时装画中也很重要，能够显露人的表情变化和个性特征。厚而圆的唇形显得敦厚性感，长而薄的唇形显得善变刻薄。嘴角上翘感觉喜悦，向下感觉悲伤。

一般情况下，下唇比上唇丰满，正侧面时上唇微凸于下唇。描画唇形时，可先画唇裂线，唇裂线如一个拉得很长的M形，再依次画出上唇形、下唇形，在上唇结节和嘴角处加重，使其具有立体感。切忌用过多的笔调描绘嘴唇的形状，掌握和了解正确的结构之后，绘图时应有所取舍，不要让僵硬的轮廓影响嘴部的表情（图2-23）。

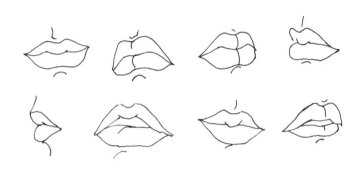

图 2-23 嘴的画法

（5）发型的画法

和时装领域的其他元素一样，发型也是紧跟时尚的。头发有许多不同的类型，如直发、卷发、长发、短发，包括流行的各种假发，以及通过挑染、漂染等手段对头发颜色的改变，使头发无论从形式上和色泽上都更易于和服装形成一个统一的美的整体。头发的式样和长度是比颜色更重要的因素。发型的选择要根据个人的脸型、气质、体型及服装的造型来综合考虑，不能一味追求流行发式，而且同一种发型因脸型有差异会产生不同的装饰效果。

无论长发、短发、直发、卷发，其根本是植于头皮上的。画头发时主要是通过"发群"来表现各种不同的发型和发质。首先应轻轻地画出头发的外轮廓和发际变化，然后画出头发的结构特征，几乎所有的线条都是从发根起笔，向发梢方向延伸，头发的方向与头部的姿势要一致，发型的角度来自头部摆动时的姿态。在头发的大形和结构画好之后，可以着色，留出高光和发泽的反光，注意不同的发质可采用不同的笔触和工具，以取得事半功倍的效果（图2-24～图2-27）。

图 2-22 眼睛的画法

图 2-24 头型与发型一

图 2-25 头型与发型二

图 2-26 头型与发型三

图 2-27 头型与发型四

2.5.2 手与脚的画法

（1）手的画法

时装画中的手因为姿势不同，有时画起来容易，有时表现有一定难度，它是在正常手形的基础上经过适度的夸张而完成的，要学会利用掌围和前中线，画出有透视感的手。描绘手时不要把手画得太小，否则和拉长的人体不成比例（图2-28）。

手由腕骨、掌骨、指节骨三个部分构成。腕骨上接手臂的尺骨和桡骨，下接掌骨，从中起到屈伸与滑动的作用。手腕的形体较小，外表不明显，容易被忽略掉，但我们必须将其表现出来。对手的描绘不仅要了解其结构，同时还要认识和把握手形的外部特征，手掌呈六边形，手指从指根到指尖逐渐变窄，合并手指时，可把手归纳成一个从旁侧伸出拇指，下面伸出其他手指的浅长方形盒子，张开手指时，手的形状呈扇形。

描绘手形时，先画一个长方形作为手的基本形状，然后将它按比例分成手掌和手指两部分，两部分可以等长，也可适度拉长手指部分。将拇指和其他四根手指分两部分处理，拇指、食指和小指的表现力较强，我们通常以这三指的特点来画手的形态。先确定手掌的宽度、食指和小指的位置，手指的长度，把食指、中指、无名指和小指作为一个整体来画，注意这四根手指的指缝位置几乎在一条线上，拇指缝离它们较远。手的结构比较复杂，在描绘时重点放在手的外形和整体姿态的表现上。

画女性的手时，要表现出手形的修长圆润，适当拉长手指部分，在手的活动中，除手指弯曲时强调指关节，一般不强调指关节的刻画。男性手的刻画则线条要有力度，手形粗壮、方直、有力量感。

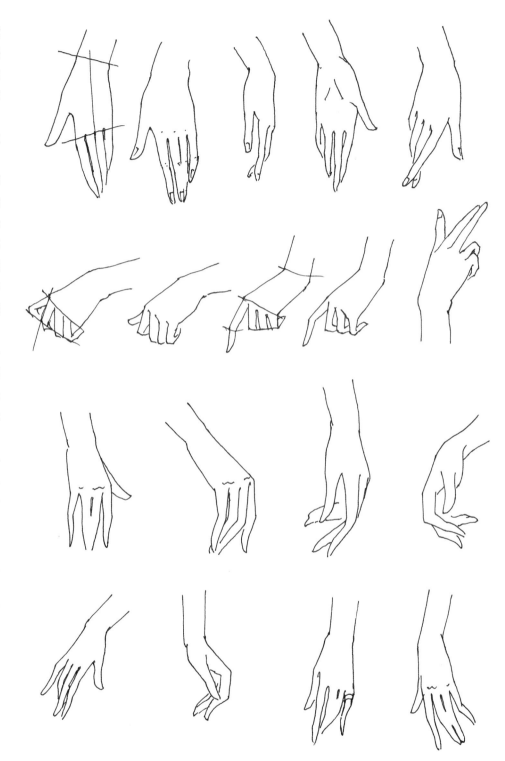

图 2-28 手的画法

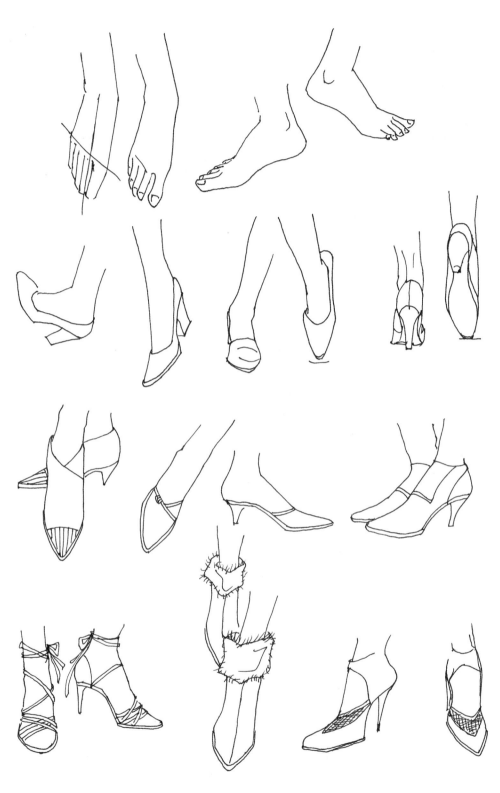

图 2-29 脚与鞋的画法

（2）脚与鞋的画法

脚由脚趾、脚掌和脚后跟三个主要部分组成，三者构成一个拱形的曲面，站立时一般是脚趾部分和脚后跟着地。脚的内踝大而高，外踝低而小，这两个骨点对于表现脚的特征有着重要作用。脚面外侧向趾端方向逐渐变薄。脚趾可分大脚趾和其余四趾，大趾粗而外凸，其余四趾弯而弓，大趾和小趾向内倾，中间三趾微向外倾。表现脚时，要注意观察脚和小腿的关系，确定脚的方向和透视特点，在脚的大形上安排好脚趾的位置和比例，并且在长度上必须稍加夸张，使脚的长度接近于一个头长的尺寸，甚至有时大于一个头长的尺寸（图2-29）。

画不穿鞋的脚是为了练习脚的比例和造型，画穿鞋的脚是表现鞋的款式。无论鞋的款式怎样改变，脚的比例是不变的，始终是画鞋的依据。两只脚的面向是各自略朝外前方的，形成一个"八"字形。行走时两只脚由于透视的关系，前面的一只脚应画得大一些，落点稍低；后面的一只脚小一些，落点稍高。

女性在穿着高跟鞋时，鞋跟越高，从正面和3/4面看，脚就越长，穿高跟鞋的脚呈弓形，脚后跟高于脚趾；如果穿平底鞋，从正面看脚就显得短而宽了，脚跟抬起的高度正好是鞋跟的高度。我们可以把侧面的脚形归纳为直角三角形，鞋跟越高，其一条直角边则越长。但正面角度就很难用简单的几何形来概括，只有通过更多的写生和临摹来加强对脚和鞋的结构的理解，从而表现出正确的透视关系。另外，在表现鞋时，鞋带、缝线、分割线等细节的加入也会有助于把鞋画得真实可信。

2.6 时尚速写训练

在掌握了服装人体的绘画规律和服装与人体的关系后，为了培养学生对服装的敏感度与把握能力，可以按照不同时长进行时尚速写训练。训练方法区别于平时的速写，更加强调展示人体夸张的动态、服装造型的突出特点，让学生在短时内记录下服装带给自己最直观的感受，从而捕捉到不同服装设计的特色。

在训练中，先放一张图片，给学生几分钟观察的时间，然后把图片拿走，让学生在纸面上把图片中的形象记录下来。在1~2分钟的训练中，因为时间短，在纸面上反映出来的是非常概括的形体和服装造型（图2-30）。在5~10分钟的练习中，对人体动态、服装造型、材质、比例等会有相对细致的表现（图2-31）。在20分钟的训练中，明显会增加一些细节的表现，也可把自己对服装造型所传达出来的信息进行自我理解和衍化，从不同层面对服装进行解读（图2-32）。

时尚速写的训练旨在培养学生养成观察服装、服饰、人体、服装与人体的关系并将其随时记录下来的习惯，习惯养成后可便于记录自己感兴趣的设计和迸发的灵感，为创作、设计不断积累素材。

图2-30 人体动态与服装造型概括练习（周梦雨、张笑语、刁芸婷、乔怡琳绘）

图 2-31 整体造型速写练习（乔怡琳、李可杉、秦朗、白欣蕊、邱诗淇、覃欣晗、康哲淼、宋思睿绘）

图 2-32 添加细节时尚速写练习（刁云婷、邱诗淇、周梦雨绘）

思考题：

◆ 服装人体与写实人体的区别是什么？

◆ 男、女人体的夸张部位有何不同？

◆ 人体的动态是如何形成的？

练习题：

◆ 练习八头半男女人体比例的图例各 1 张，用 A3 复印纸。

◆ 练习头型与发型的图例 1 张，用 A3 复印纸。

◆ 练习手与脚的图例 1 张，用 A3 复印纸。

◆ 1~2 分钟、5~10 分钟、20 分钟时尚速写训练各 2 张，用 A4 复印纸。

附：服装人体动态模板练习册

　　为了让读者在短时间内掌握服装人体的绘制方法，在本章最后附常用的服装人体动态供读者临摹，同时也提供了服装人体不同动态、尺寸的组合，便于读者以服装人体动态为基底模板，随时记录服装款式、设计灵感、创意阐释等，形成自己的设计思考视觉日记。

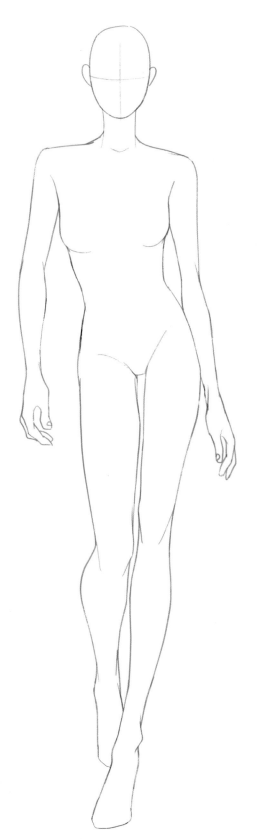

（本章中的人体动态示范图、服装人体局部的表现和人体动态模板由吴波、江文卓绘）

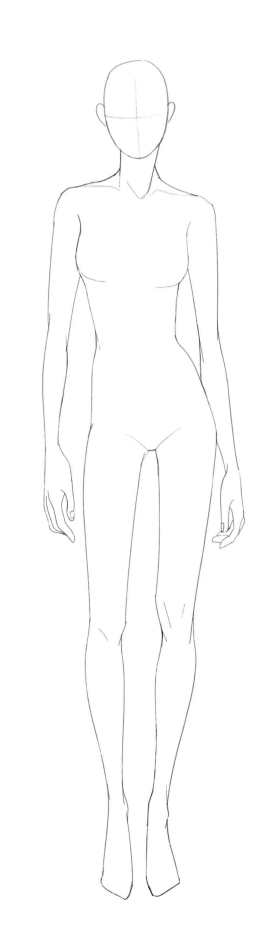

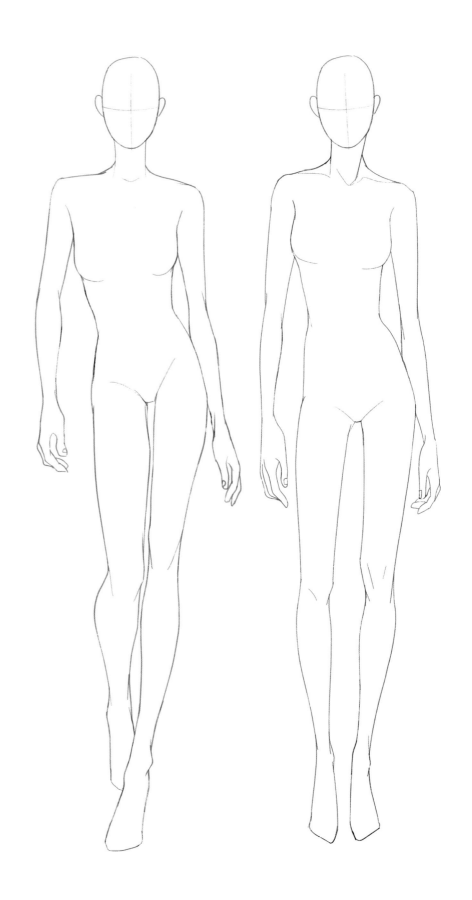

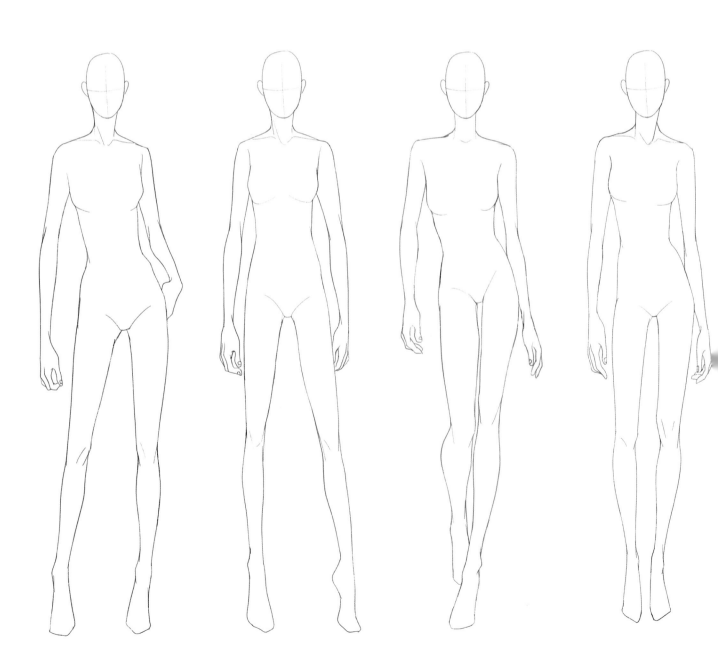

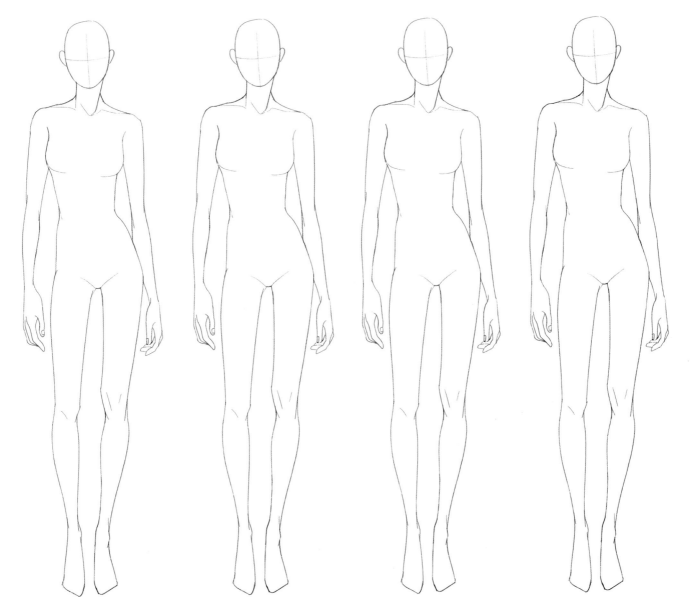

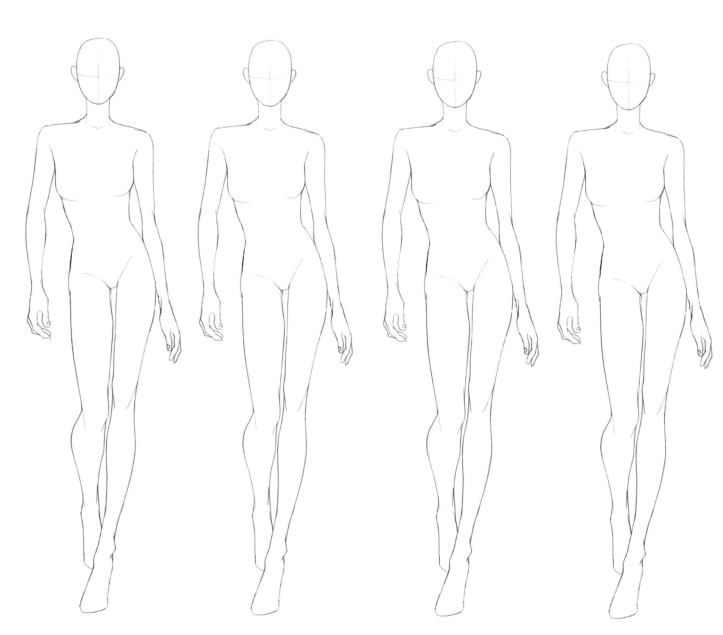

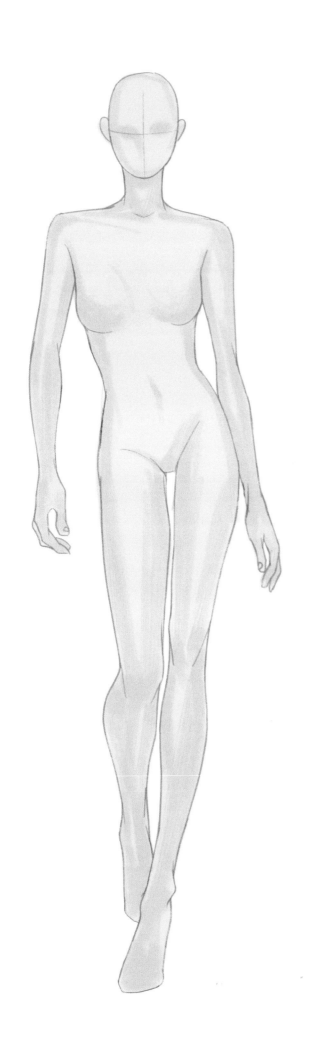

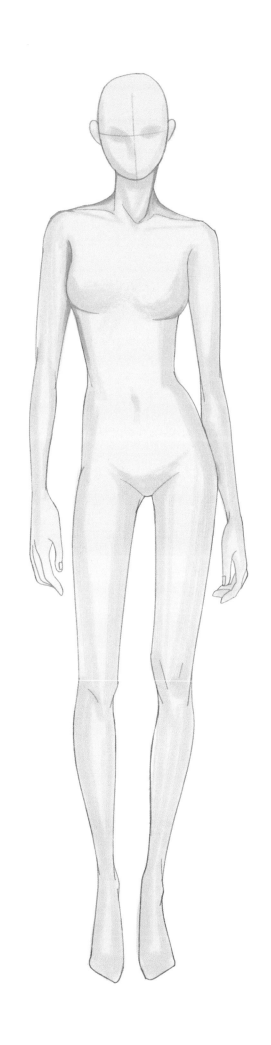

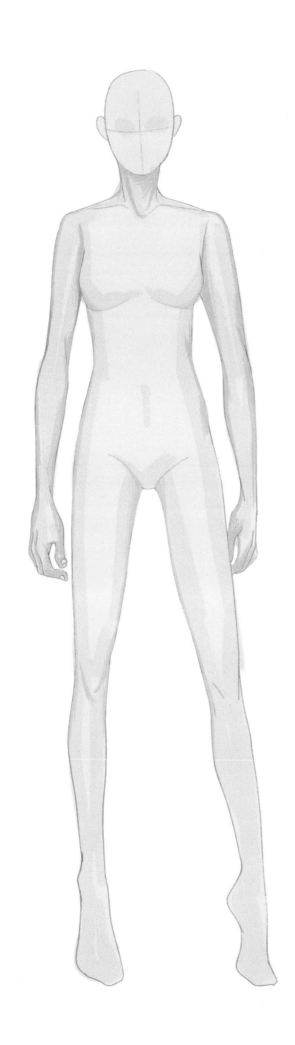

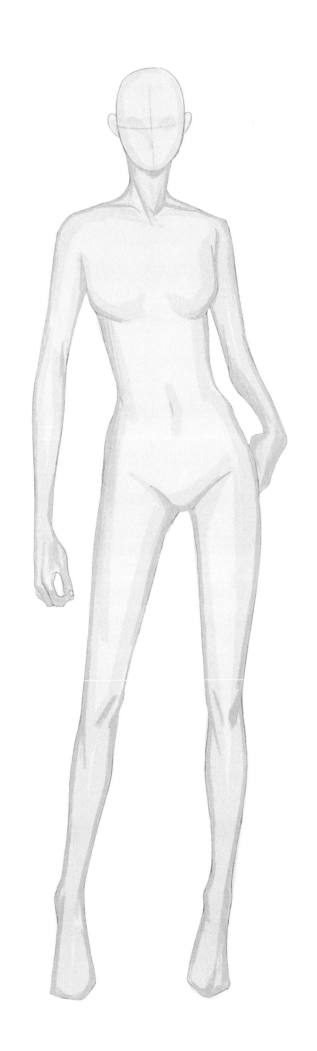

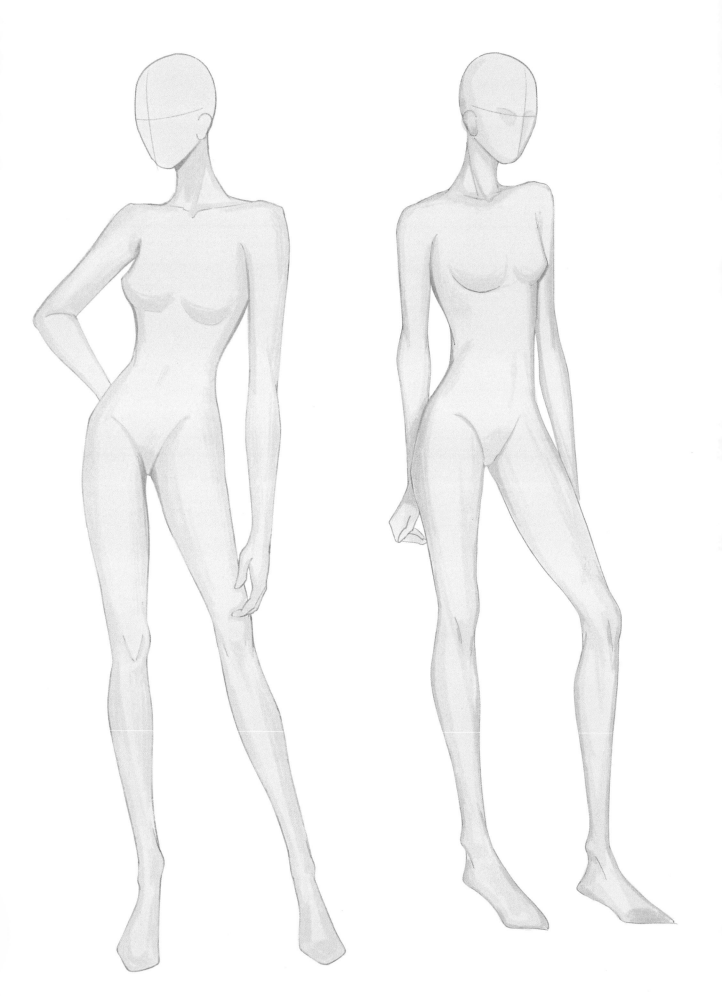

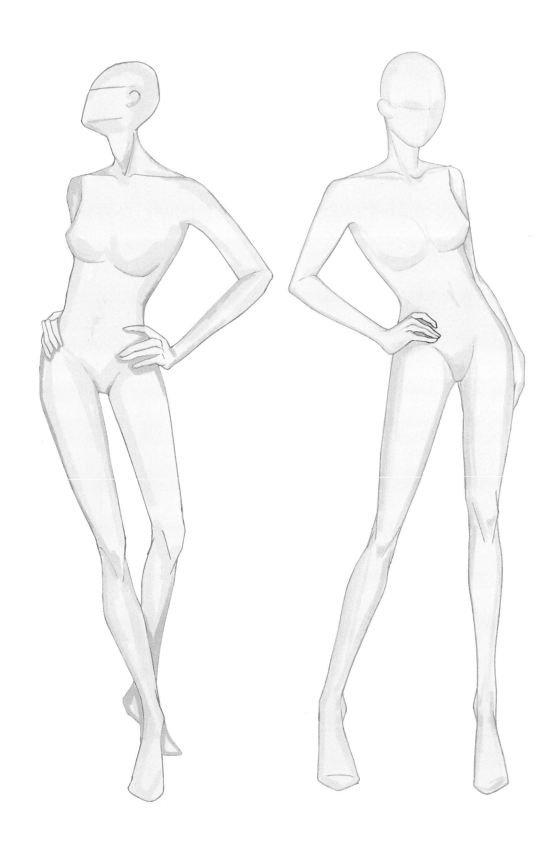

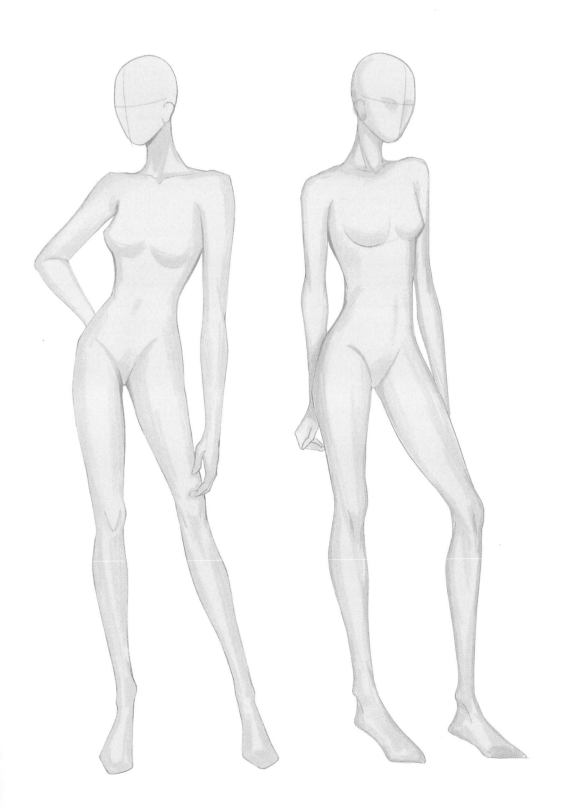

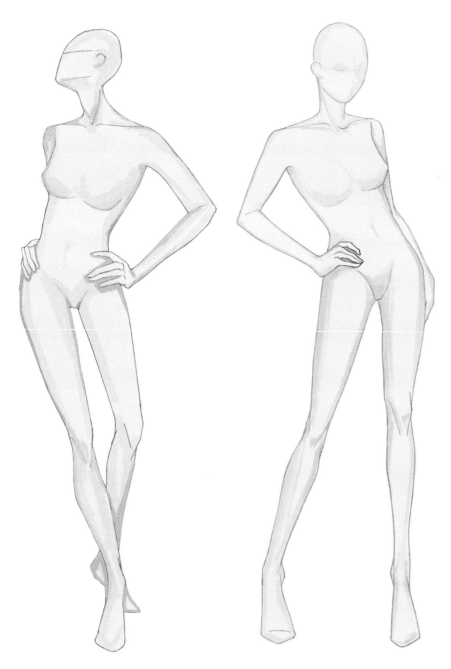

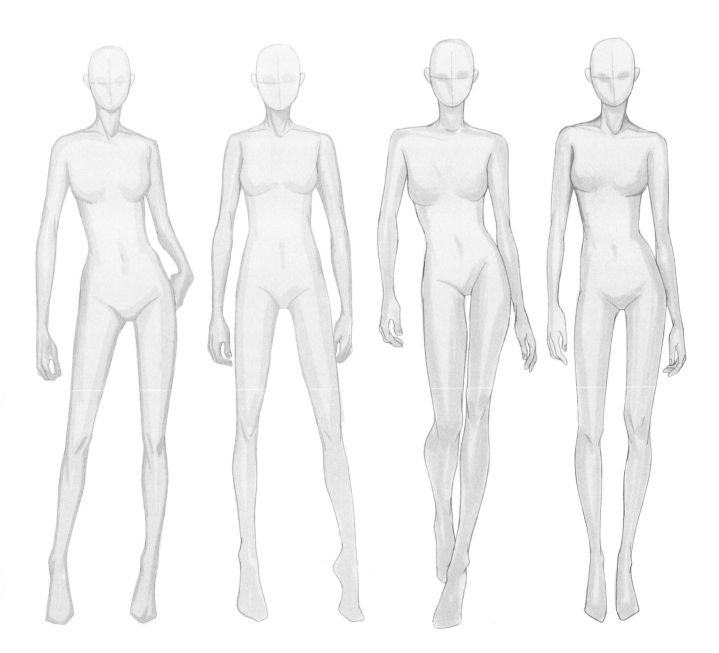

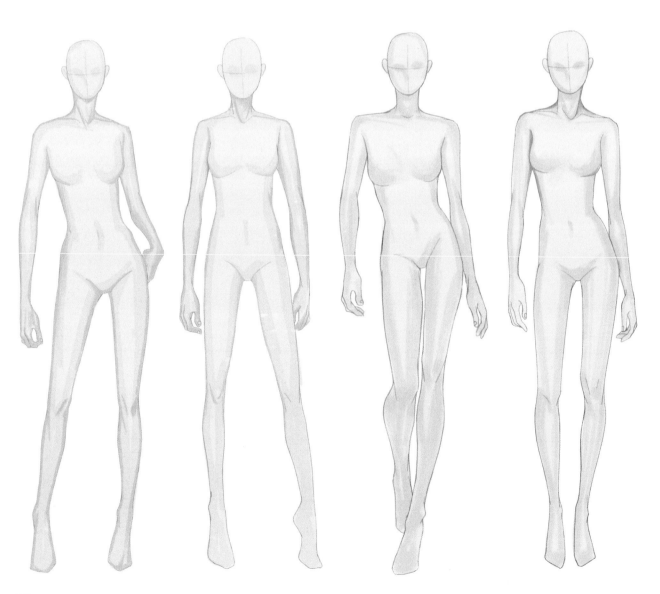

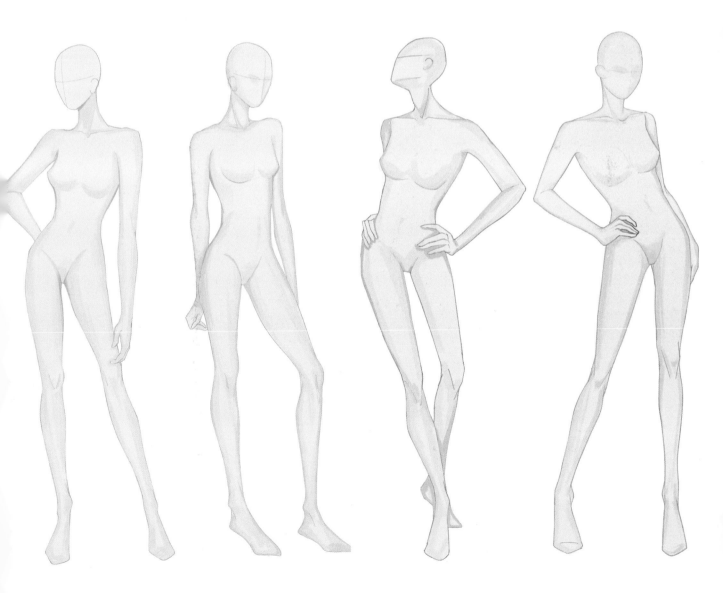

第三章　基础表现技法

服装效果图与时装画的基础训练，以线和黑白灰的训练为主，线作为表现服装造型的最根本基础，应用最为广泛，无论用什么方法来绘制作品都很难脱离开用线。线条的个性甚至可以成为作品的灵魂。只用线条就能表现出服装的精髓，其粗细、软硬、明暗、刚柔都在笔下体现出来，它比黑白影调变化更直接，可描绘出更多细节。掌握好用线的技法，可以帮助设计师用最简单而有效的方法来完成设计图。黑白灰的训练是以面为特征的，注重光感的方向来源、影调的变化，把色彩的明度、纯度的复杂变化概括成单纯的黑白色阶，也是为着色打基础。

3.1　线的表现方法

线条是再现服装的手段。在开始着手作画前，要先考虑表现服装所需的线条特性。考虑清楚后，把想象中的线条在纸上落笔，勾画服装，保持抽象形式。忌用重复的细碎笔触来画一笔就能画出的线条，否则线条不确定、呆板、繁琐，毫无生动感可言。

线是中国画中的重要造型手段，在工笔、白描、写意等绘画中，都讲究线的勾勒、转折、顿挫、浓淡、虚实等。把国画中的用线优势转化到时装绘画的表现中，很多衣纹、衣褶都能轻松体现出来。我们要学会用线条抓住设计的特征，如服装的面料特色、造型特点等，皮肤和身体裸露的部分尽量少用特殊的线条，保持光滑顺畅，可以和服装及面料形成对比，也能使服装整体更为突出。

服装效果图与时装画中的用线要求整体、简洁、洒脱、高度概括和提炼，以突出表现服装的造型结构、面料肌理和服装的整体艺术感觉为目的。

根据线条的特性，可把线的表现初步归纳为匀线、粗细线、不规则线等。

3.1.1　匀线

匀线与国画中"高古游丝描"相近，在运笔时前后粗细一致、清晰流畅，很适合表现那些轻薄、韧性强的面料，如：天然棉麻织物或人造棉麻织物，天然丝织物或人造丝织物，现代轻薄型精纺织物等。由于这类面料的内部成分和织纹组织各有不同，其外观的感觉各有差别，因此，在用线上需要顺应面料的各

种感觉，如：丝织物的线条长而流畅，棉织物的线条短而细密，而麻织物的线条则是挺而刚硬的。在用笔上，线条的长短、粗细、深浅等变化，都会给服装带来不同的感觉。抓住各种面料的本质，才能得心应手地表现出其外观特征。匀线赋予服装规整、细致、高雅的特色，带有明显的装饰意味。

用来画匀线的笔有0.1~0.9毫米的针管笔、签字笔、勾线笔、钢笔等（图3-1~图3-12）。

图3-1 用匀线把上衣部分的褶皱细腻地表现出来，通过线条体现出面料的质感和服装的款式特征，上、下装用线的疏密对比使画面产生一定的节奏感（吴波绘）

图 3-2 用细密轻巧的多重线条展现裙装蓬松的廓形（徐隆绘）

图 3-3 用清晰流畅的匀线刻画出一个安静的画面，外轮廓的完整性、服装动态结构的穿插，与面部、手部的省略形成恰到好处的呼应关系（吴波绘）

图 3-4 用匀线将裙子的褶皱细腻地表现出来，通过线条体现出面料的质感和服装的款式特征，疏密有度的对比使画面产生虚实相生的节奏感（孙玥绘）

图 3-5 用白描的手法将人物、服装、环境融为一体，以细腻的匀线展现出
不同物体的肌理感，为画面的虚实处理增色不少（张瑜绘）

图 3-7 用强烈的疏密对比展现服装整体造型，以细密的线条刻画裙子中
心部分和下摆的纹饰，头部和袖子处的留白更衬托出服饰图案的装饰效果
（乔怡琳绘）

图 3-6 用简洁有序的匀线展现出富有张力的画面（梅伊霖绘）

图 3-9 用疏密有致的线条让外套与连衣裙形成对比，细密的线条组合强调出蕾丝服装的纹理和质感（邱诗淇绘）

图 3-8 简洁的线条和恰到好处的留白使整个画面充满故事性（宋思睿绘）

图 3-10 平铺色块和匀线的综合运用，强调了服装的局部装饰性，体现出礼服的特色（唐小淇绘）

3.1.2 粗细线

粗细线是在运笔的过程中，借用力不均或转折顿挫变化时自然形成的一种粗细兼备、生动多变的线条。这种线条适合表现一些较为厚重、柔软而悬垂性强的面料，如纯毛织物、重磅丝绸、毛料混纺织物等。可用笔触和运笔赋予每一根线条自己的特色，在表现面料肌理时呈现织物圆满柔顺或柔和流转的视觉效果，用线力求刚柔结合、灵活生动，使服装的造型具有一定的体积感。

用来画粗细线的笔一般是弯头钢笔或国画笔中的勾线笔，如花枝翘、衣纹笔、小红毛笔等，巧用马克笔也可达到粗细线效果（图3-13~图3-28）。

图 3-11 用均匀圆顺的曲线刻画帽子和服装肩部的图案特点，在装饰性中体现干练的造型（张欣莹绘）

图 3-13 用炭铅笔表现的粗细线图例，借运笔过程中自然形成的粗细兼备、生动多变的线条表现出小礼服的跳跃感（吴波绘）

图 3-12 柔软流畅的长匀线条表现出丝织物的垂感，小面积内衣的线条变化更强调了外衣的高雅特色（吴波绘）

图 3-14 用马克笔勾勒着装部分，针管笔刻画皮肤部分，线条运用生动随意，强化休闲味道（吴波绘）

图 3-15 礼服裙的造型用粗细相间的线条既表现了织物厚实挺直的质感，也随明暗变化形成一定的律动（马若源绘）

图 3-16 画面衣纹处理细致，在亮处的线条画细，暗处的线条加粗，加深转折处阴影，再通过黑色背景的烘托表现出画面的层次感（霍子恬绘）

图 3-18 刚柔结合的线条也是通过弯头钢笔传达出来的，发丝的柔软、衣服质料的棱角及皮肤的幼滑——见诸笔端（吴波绘）

图 3-17 弯尖钢笔勾出的线条刚性很强，只用线条就清晰再现网眼纱、塔夫绸类面料的质感（吴波绘）

图 3-19 设计的随意性决定了表现手法的随意性，款式的松紧变化为粗细线提供了很好的展示空间（吴波绘）

图 3-20 婉约舒畅的线条表现出服装柔和流转的视觉效果，疏密得当的衣纹处理为画面增色不少（吴波绘）

图 3-22 画面黑白灰处理得当，衣纹主次分明，线条洒脱干练（秦朗绘）

图 3-21 画面构图饱满，线条有疏有密，有力量感的笔触表现出坚硬有力的感觉（梅伊霖绘）

图 3-23 衣纹的线条十分注重顿笔的节奏，通过直线的转折表现出硬朗的感觉（唐诗绘）

图 3-24 炭铅笔的转折顿挫让裙子、头发的质感呼之欲出，表现皮肤的线条干净利落，更加衬托出服装面料的特色（吴波绘）

图 3-25 在没有灰度做辅助的情况下，可以用线条的粗细决定画面中物体的前后空间感，加粗的线条增强了光影感，让人物更立体（张欣莹绘）

图 3-27 线条的粗细也可以决定画面中物体的前后空间感，刻意加粗的线条可以凸显画面的重点（李佩璇绘）

图 3-26 画面黑白灰布局得当，线条勾勒生动，衬裙黑色线条的描摹使整个画面避免了头重脚轻之感（康哲淼绘）

图 3-28 画面使用强烈的黑白对比，黑色背景部分的裙摆表现出庄重、沉稳的仪态和气质，在白色背景烘托的部分，则使用大量的曲线表现柔美、自由的张力 （苏峻瑶绘）

3.1.3 不规则线

不规则线可涵盖运笔过程中形成的多种特殊线条,常借鉴和吸取传统艺术形式中的线条感觉,如石刻、画像砖、汉瓦当及青铜器的用线,突出特点是古拙苍劲、浑厚有力。不规则线一般适合表现那些外观凹凸不平、粗质感的面料,如各种粗纺织物、编织物等。

不规则线常用的运笔方法是用毛笔的侧锋来勾勒,在勾线的过程中手腕自然地颤动。同时,线条并不完全局限于这种勾法,也可以用其他笔画出各种表现不同质感的线。不规则线能使服装面料特色表现得栩栩如生,增加服装的体量感。

在用笔的选择上多种多样,不同粗细的笔表现同一种线条的风格不同(图3-29~图3-37)。

图 3-30 头发、上衣和裤子均借用国画中的干笔技法,通过流畅的笔触描绘出类似坑条的面料肌理,画面效果洒脱干练(雷子恬绘)

图 3-29 用短而不规则的线刻画皮草类外套的轮廓,用顿挫的线条表现下装粗纺织物的质感,内里的毛衣领口、下摆花纹也都用细碎的不规则线来体现(吴波绘)

图 3-31 毛衣的轮廓使用短而不规则的线段描画,在深色的背景上又使用白色的不规则线段在毛衣外增添一圈轮廓,视觉上增添了毛衣的丰盈感(乔怡琳绘)

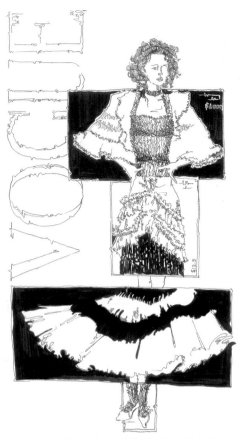

图 3-32 上衣、蛋糕裙和袜子都使用有机形毛圈线条刻画质感，通过
纵向密实的排线，表现服装立体的褶皱（秦朗绘）

图 3-33 头发由不规则的弯曲线条勾勒，头顶部位使用留白的方式与两侧头发
形成疏密对比。领缘和裤缝通过小线圈比拟碎花褶皱，生动俏皮（翟懍艺绘）

图 3-34 模拟国画笔触，控制轻重缓急的节奏，将画面上半部分的视
觉中心集中在后腰的褶皱处。随着裙摆的摇曳，裙下的花朵似乎按捺
不住束缚，通过不同的线迹表现百花齐放的景象（陈雨萳绘）

图3-36 外套轮廓使用带有水分的毛笔在纸上画出既毛涩又苍润的笔触。裙装上一层层的毛羽采用皴擦的技法，该技法表现物体表面的纹理和起伏特征，画出淳朴粗犷的质地（成曦绘）

图 3-35 丰富多变的不规则线条很好地诠释出面料的质感（吴波绘）

图 3-37 人物和服装的轮廓均使用不规则线，形成一种节奏和韵律，特别是在裙摆的表现上，不规则的曲线、折线和线圈的排列形成流动的体量和空间感（李佩璇绘）

3.1.4 衣纹和衣褶的表现

在绘制服装效果图与时装画的过程中，如何用线处理好衣纹和衣褶，有一定的难度，特别是在表现一些棉麻类服装造型时，由于这类织物本身极易出褶皱，运动过程中产生的痕迹很明显地停留在衣服上，使衣纹和衣褶混淆在一起，对于初学者来讲，取舍和主次关系很难把握，往往是用过多的线条也没有起到交代关键结构和纹理转折的作用。

（1）衣纹

衣纹是人体在运动时衣服表面产生的痕迹变化，这些起伏变化直接反映着人体运动幅度的大小及人体各个部位的形态。当人体处于某种运动状态时，会对衣服产生抻拉作用，导致衣服的各个部位出现松紧量，这种松紧量的表现形式就是衣纹。衣纹一般出现在人体四肢的关节处、胸部、腰部及臀部。

在设计图中，由于服装的面料质感是多种多样的，其衣纹的表现形式也各具特色，如果对于每一种面料所产生的衣纹感觉都如实表现的话，那将会主次不分，产生用线上的混乱，影响图面中服装的款式结构，因此，需要我们对于众多的服装面料从材料、物理性能及外观效果等方面进行系统的分类和归纳，总结出主要的几种类别的衣纹感觉，选用几种相对应的用线进行概括表现，如塔夫绸短而跳跃的线条、缎子光滑圆润的线条、丝绸柔缓的线条、马海毛毛茸茸的线条等（图3-38）。

（2）衣褶

衣褶是服装设计的结构特征和表现方式。衣褶与服装的造型和工艺手段息息相关。常见的衣褶一般分为活褶和死褶两种。活褶是指用绳、松紧带或其他手段通过抽系、折叠而形成的无规律的褶，这种褶给人的感觉是自然而洒脱的。死褶是运用服装工艺而制成的有规律的褶，如三宅一生在设计中惯用的"一生"褶、我国苗族妇女所着的百褶裙上的褶等，这些褶给人的感觉是严谨而规整。以上两种衣褶都属于服装设计的手法，描绘活褶要简化处理，描绘死褶要表现出服装的个性特征（图3-39）。

在一张图中，衣纹和衣褶常常是同时并存的，而过多的衣纹又往往会扰乱服装结构，如省道、设计线、装饰线、开衩等的表现。因此，在用线时要有取有舍，当衣纹和衣褶产生矛盾时，衣纹应让位于衣褶。应极力避免用线上的喧宾夺主，以突出和强化服装的造型结构为目的。

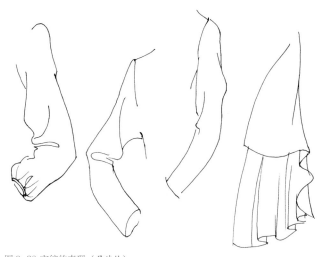

图 3-38 衣纹的表现（吴波绘）

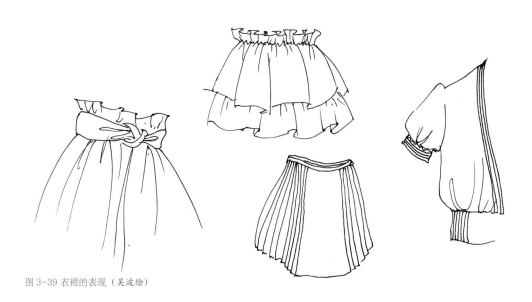

图 3-39 衣褶的表现（吴波绘）

3.2 黑白灰的表现方法

服装效果图与时装画中的黑白灰表现主要作为着色的前提和基础，帮助绘图者理解影调、层次、质感等，在无彩色系中传达纯粹的服装语言。可以这样说，黑白灰的表现就好似一套黑白照片的效果，五颜六色都因其纯度和明度差变成不同的黑白灰色，让我们看到服装的各种颜色反映在黑白灰的层次上，两者之间是一种什么样的内在关系。

各种颜色都是有重量感的，这种重量感体现在黑白灰的层次关系上则更明确，例如：较浓重的颜色如墨绿、深蓝、深红、熟褐、青莲等体现在黑白灰的层次上是一种深沉的灰调子；较浅淡的颜色如柠檬黄、淡绿、湖蓝、粉红等体现在黑白灰层次上是一种较浅的灰调子；而处于中间的颜色如赭石、钴蓝、朱红、中绿、橘黄等体现在黑白灰层次上则是一些中间的灰调子。

就一套服装的色彩来讲，除纯黑色服装和纯白色服装外，色彩的配置上需要注重其黑白灰的层次关系，一味地深或一味地浅在视觉上都是不完美的。因此，时装画的黑白灰训练实质上也是色彩配置的层次关系训练，用简单、归纳的手法把服装的色彩层次反映在纸面上。在黑白灰的表现中，除了无彩色系本身的配置关系外，影调和立体感的强调也很重要。

3.2.1 强调影调与立体感的方法

没有素描基础的同学，经常会产生同样的疑问，就是怎样才能使画出来的着装人物有立体感，看起来更真实一些，应该在哪些部位加重，画出阴影。这和我们所选择的光源有密切关系，当光源从侧上方照射下来，很自然地，脸颊的侧面、脖子、衣领交叠处、胸部、腋窝处、臂弯处、腰部、上下衣交叠处、两腿分叉处、腿部承重处、膝盖弯处、裤子与鞋面交叠处都会产生阴影，可加重表现，但并不是说，在每一幅图中都要把这些影调强调出来，应根据自己设想的光源和人物姿态有选择地加以刻画，表现人物的动态为主。

在服装效果图与时装画中，经常选择侧面光源，那么在人体的受光侧留出空白，在背光侧加重影调，再把胸部、腰部、臀部、大腿的承重处着重强调一下，就完成了纸面上人物从二维向三维的视觉转变，变得立体起来。想把人物画得生动立体，不能靠死记硬背，而是要多观察、临摹，体味光影所带来的神奇变化，这样才会取得更好的效果。

黑白灰的表现可根据不同的服装造型和面料肌理特征，分为两种不同的表现方法，即薄画法和厚画法。两种画法所表现出来的是完全不同的效果，在练习时可用同一底稿进行不同的尝试，薄厚、浓淡的变化很丰富（图3-40、图3-41）。

图 3-40 同一底稿不同黑白灰的表现方法：用薄画法表现的效果一气呵成，水墨味十足，皮草、丝绸的质感淋漓尽致（吴波绘）

图 3-41 同一底稿不同黑白灰的表现方法：用厚画法表现的效果厚重、重量感强，油画棒的巧用使画面图案更增加了立体感（吴波绘）

3.2.2 薄画法

黑白灰的薄画法是以水彩色的黑颜色为基础色，用水进行调和，水调入越多，其调子就越淡，从而产生从黑到白的若干深浅不同的灰调子（图3-42～图3-46）。

图3-42 中国水墨画中的墨既不是色彩又是色彩，所谓"用墨而五色俱"，画面上黑中包含着白，白中又蕴藏着黑，黑白相互依存、相互消长，形成富有层次的效果，饱蘸水墨的笔把丝绸的质感宣泄出来，光与影的介入增加了画面的通透感(许诺绘)

图3-43 蓬松飘逸的礼服裙使用泼墨晕染的手法，利用墨的浓淡变化，以及墨遇水晕开的特点，以淡墨破浓墨，使得礼服裙饱满立体、朦胧唯美 (闫籽岐绘)

图 3-44 浓淡相宜的设色一气呵成，灵动地再现晚礼服的韵味（吴波绘）

图 3-45 通过通透的设色、灵动的线条运用，以简单的笔触即表现出服装的质感、造型（吴波绘）

图 3-46 使用通透的水墨设色表现多组人物的服装，厚润苍朗、直曲呼应、线面互托，笔墨浓淡与疏密详略节奏把握合理，饰品与图案以金色点缀，增添了画面细节（江文卓绘）

3.2.3 厚画法

厚画法是不加额外水分以颜料互相调和的技法，用白色进行明度调和，白色调入越多，其色调就越浅（图3-47~图3-50）。

薄画法所呈现出的画面效果，更偏向于绘画中水彩画和国画的韵味，设色干净，注重整个画面的一气呵成，水墨味更足，比较灵动。厚画法则偏向于水粉画、丙烯画和油画的韵味，用色厚重，体积感强，影调的明暗处理更突出。

在画黑白灰调子时要注意两点：一是灰调子与灰调子之间的明暗层次要明确，不宜太靠近，否则画面会显得含混不清而缺乏层次感；二是黑白灰调子的穿插和呼应关系，要注重表现灰调子之间的相互衬托、相互依存的内在关系，使服装的黑白灰层次既丰富又有灵性。

图3-47 外套用皴擦的技法表现粗糙的面料肌理效果，衬衫、短裤均用油画棒作了图案处理，大面积地铺陈黑灰两色，加强了画面的层次感（吴波绘）

图3-48 画面整体使用黑白对比，白色背景映衬黑色上衣，黑色背景烘托白色裙摆，裙摆配合奔放、不规则的用笔，画出了磅礴大气的氛围（苏峻瑶绘）

图 3-49 借用灰底色作为中间调子，加强黑白对比效果，强调光感（吴波绘）

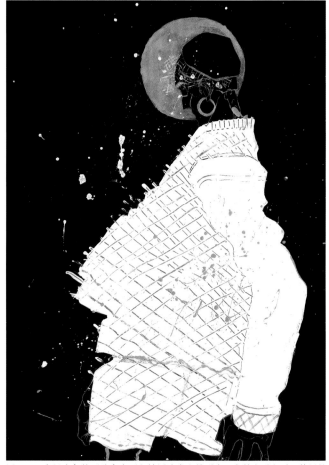

图 3-50 在黑底色的画稿上大面积地厚涂大衣的形态，在其未干之时，使用笔杆或树枝等硬物刮画出衣物的纹理与细节，并用泼墨的方式为画面增添动感（江文卓绘）

3.3 不同种类服装面料的表现方法

3.3.1 羊毛面料类

　　用单色作为底色，先在上面画出色调的明暗对比，再在上面画出其纹理，面料越厚重，领子的翻折线、袖山处和下摆纹越明显。也可选用表面有肌理的纸，上底色后，根据衣服的结构和影调，用蘸了颜料的干笔在画面上皴擦出面料表面凹凸不平的效果，勾线时也选用干笔或者不规则线来突出粗花呢的特点。有些斜纹织物、斜纹呢和粗羊毛面料需要画斜线以表示肌理，面料上有线结或棱等特殊肌理的可以用细铅笔或马克笔提一下（图3-51、图3-52）。

图 3-52 细致地描绘出面料的纹理效果，把面料双面不同色的特点用绘图和粘贴面料小样两种方法表达得很清楚 [马克·巴杰利（Mark Badgley）绘]

图 3-51 借助于水彩纸本身的纹理，用笔在纸上皴擦出粗羊毛面料的质感，局部结构、转折等需强调的部分用加重色调进行铺垫（吴波绘）

3.3.2 丝绸类

丝绸质地轻薄柔软，有温和的光泽，要用圆润的笔触画出其质感。调色时多加一些水分，画笔上饱蘸颜料，铺基本的底色和明暗影调关系时，运笔都要酣畅淋漓，表现出丝绸独特的韵味（图3-53、图3-54）。

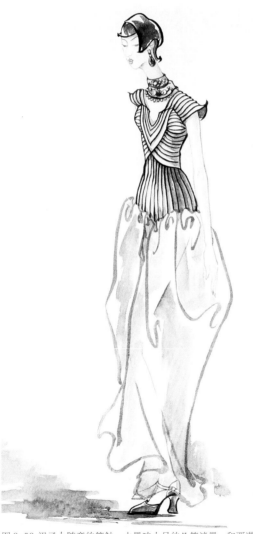

图 3-53 裙子上随意的笔触、水墨味十足的几笔淡墨，和严谨规整的上衣形成对比，更突出了丝绸轻盈、飘逸的质感（谢芳绘）

图 3-54 用饱蘸颜料的画笔一气呵成，表现出丝绸面料顺滑柔软的韵味。切记要顺着服装的结构走向运笔（吴波绘）

图 3-55

图 3-56

图 3-57

丝绸类步骤图:

(图3-55~图3-59)

图 3-55 用两种不同的颜色勾勒出
人体和服装的轮廓线。

图 3-56 画出裸露的皮肤和头发,
对纱裙覆盖的皮肤要注意留白。

图 3-57 用马克笔勾画裙子的暗部
和褶皱部分。

图 3-58 进一步刻画裙子的质感。

图 3-59 绘制鞋子和纱裙上的珠饰,
对皮肤的明暗关系进行最后的细致
调整。

图 3-58

图 3-59

3.3.3 薄纱类

　　像雪纺这一类比较透明的纱，用线条更能表现出其特点。薄纱面料因其透明可看见部分人体及内衣，因此在着色时应避免过于厚重的笔触和色调，先把皮肤等被纱包裹在里层的部分，用浅一度的颜色描画出来，在纱的部分薄薄地上一层颜色，最后用轻巧的笔触把外轮廓和褶裥等勾勒出来，充分表现其透明性。表现浅色透明纱时，则可借用有色纸。在有色纸上用毛笔或钢笔，采用顿笔、提笔等运笔方法把浅色纱的边缘线"提"出来。

　　薄纱面料又分为软薄纱面料和脆薄纱面料，软薄纱面料包括雪纺、乔其纱、巴厘纱等，脆薄纱面料包括透明硬纱、网眼纱、点纱等，描绘时要了解薄纱的特性，针对不同种类的薄纱用不同感觉的线色，并始终记住，描绘薄纱时笔触要轻（图3-60、图3-61）。

图3-60 巧妙地用纱与人体之间产生透叠的明暗变化来表现纱的透明质感，加之对外轮廓线的强调，更体现出纱的特性（吴波绘）

3-61 先着皮肤色，再在肤色外薄薄地涂上一层纱的颜色。纱的透明感和硬朗的质地要表达准确 [奥斯卡·德拉伦塔（Oscar dela Renta 绘]

图 3-62

图 3-63

图 3-64

图 3-65

图 3-66

薄纱类步骤图：

（图3-62~图3-66）

图 3-62 铅笔起稿。

图 3-63 先用水彩画出肤色处以及画面褶皱最深处。

图 3-64 增加暗面，以及纱与纱之间层叠处的阴影面，勾勒立体花纹轮廓。

图 3-65 加深暗面，增强立体感，继续丰富纱的褶皱处，以细勾线笔刻画花纹及服装轮廓。

图 3-66 用白色水彩颜料做局部提亮，同时可降低画面纯度。以白色丙烯笔和白色彩铅做辅助提亮纱质服装亮部，刻画亮部细节。

3.3.4 针织服装类

针织服装种类日益丰富,如轻薄的羊绒、温暖的羊毛、粗犷的棒针,要用不同的笔法来表现这些针织服装中的元素。针织面料与梭织面料最大的区别在于针织面料有弹性,可以省去省道和缝合线。针织品多用罗纹、卷边或钩针锁边。针织服装主要应注意其自身纹理的变化,如用开司米线平针织出的平整的表面,棒针毛圈花式线织出的肌理感很强的表面,罗纹、拧花、空花等不同织法形成的表面不一效果,局部刻画出花纹的组织结构,就很容易表现出针织服装的特色(图3-67、图3-68)。另外,勾勒外轮廓时,保持衣纹圆转,避免出现锐边,保持摆线和领子圆滑,切忌过于生硬。

图 3-68 领口罗纹的刻画与衣服和裙子上干笔的运用,生动地表现出针织服装柔软而不光滑的质感(谢芳绘)

图 3-67 衣身的小拧花和领口、袖口、腰带的罗纹肌理的刻画,与不平滑的轮廓线的运用,都是再现针织服装特色的好方法(吴波绘)

图 3-69

图 3-70

图 3-71

针织类步骤图:

（图3-69~图3-72）

图 3-69 用棕色勾线笔勾勒出各部分轮廓线，刻画出针织上衣的纹理感。

图 3-70 运用马克笔进行整体铺色，根据不同服装材质选择适合的表现方法。

图 3-71 进一步细化服装材质与图案，调整配装细节。

图 3-72 对服装进行最后的调整：用白色针管笔添加珠光点缀，使服装更加完整，用阴影部分突出画面的层次感。

图 3-72

3.3.5 皮装类

　　皮革的表面因后加工不同而形成不同的手感和观感。光亮的羊皮的表现方法是先在画面上涂一层水，待画纸半干未干时涂上调好的颜色，运笔时注意在受光处空出白底色，画纸的湿度掌握得好，颜色的晕染度就很自然，白色的高光正好能表现出亮皮的质感。另一种表现亮皮的方法是先在纸面上涂一层底色，画出服装的暗影部分，最后再用调好的白色或亮色"提"出高光部分。麂皮或表面经过磨毛处理的皮革，可以用水洗的方法来表现其质感，具体方法是先在纸面上涂上颜色，可适当把颜色调得比需要的深一些，等颜色在纸面上停留一段时间后，再用蘸有清水的毛笔把颜色洗掉，就会出现磨毛的效果，注意一定要用有渗透性的纸张（见图3-73、图3-74）。

图3-74 用水洗的方法表现麂皮含蓄的光泽和柔软的手感（吴波绘）

图3-73 图中光亮皮革的表现是用白色在深底色上"提"出高光部分实现的，把皮子的质感强调出来，皮草的部分用干笔来表现，两种面料质感对比突出（许多绘）

皮装类步骤图：

（图3-75～图3-78）

图3-75 铅笔起稿。

图3-76 用水彩铺底色，同时注意皮革服装高光处需留白。

图3-77 增加暗面刻画，控制水迹的形成效果。

图3-78 根据画面，有选择地继续加深部分暗面，并用高光笔、白色彩铅提亮高光处和服装亮部，表现皮革服装硬挺的质感和特殊光泽。

图 3-75

图 3-76

图 3-77

图 3-78

3.3.6 皮草类

画貂皮、狐狸毛时，先把整个画面用清水润湿，同时在另一张草稿纸上也涂上清水，先在草稿纸上试笔，观察颜色的晕染程度，趁最合适的时机在正稿上涂上衣服的影调，颜色因接触到潮湿的纸面自然晕开的效果正好表现出毛茸茸的质感。表现狐狸毛时，也可最后再用笔把针毛勾画出一些，使画面效果更逼真。表现羔羊皮时，可在画面上用笔锋画一些细小的卷，通过疏密变化表现明暗调子，边缘线也用相同的方法处理（图3-79、图3-80）。

图3-79 用水润法表现狐狸毛，在涂好的颜色自然晕染开后，用毛笔勾出针毛，强化皮草的特点（吴波绘）

图3-80 画面中的白色颜料用于表现鸟羽的质感，色彩纯度较高，覆盖设色时较厚重，作画时笔触明显，给人以粗犷张扬之感（乔怡琳绘）

图 3-81

图 3-82

图 3-83

图 3-84

图 3-85

皮草类步骤图:

(图 3-81~ 图 3-85)

图 3-81 用棕色勾线笔勾勒出各部分轮廓线,注意皮草上衣和裙子的不同用线。

图 3-82 先铺肤色再刻画五官。

图 3-83 根据皮草的特点,先依据明暗对皮草进行局部刻画着色。

图 3-84 进一步刻画皮草质感,注意笔触应该有紧有松,有粗有细,展现层次感。

图 3-85 皮草外套、帽子和连衣裙、手套用不同的笔触和勾线方法表现出其自身的材质美感。

3.3.7 图案类

在绘制格子、条纹、不同大小花型的图案时，要先找出其规律，根据服装款式、材质、廓形等穿着在人体上形成的效果来决定表现方式，可选择平涂以表现图案的基本构成特点为主，也可依据画面效果，采取图案随人体动态所产生的虚实变化来表现，如果服装整体都是图案为主，则可只在重点部分细化图案，其他地方一笔带过，这样既交代了图案的组织结构，又烘托出画面氛围。

图 3-86   图 3-87

图案类步骤图:

（图3-86~图3-98）

图 3-86 用细马克笔勾勒外轮廓，厚重的服装材质可用较粗的线条，外部轮廓和内部结构、服饰褶皱可用不同粗细线条勾勒。

图 3-87 用马克笔选择合适的颜色对人物皮肤进行上色，先大面积铺上肤色的中间色调，适当留白，再用比之前浓郁的肤色画出柔和的暗面影调。

图 3-88 铺服装底色，把格纹图案按照基本构成规律依据人体动态描绘出来，表现头发时要控制头发的色调，发色不能比服装更加抢眼但又要与服装色调保持协调。注意在每一个波浪卷曲的部分留出一段高光以表现光泽。

图 3-89 细化格纹的色彩和影调，对于材质挺括或有光滑质感的部件如皮包和靴子，需要通过结构性的留白来展现高光的形状，同时保持整体的明暗关系。

图 3-90 铅笔起稿，注意使用柔和的线条表现棉服。

图 3-91 用水彩铺底色，肤色和裤子适当加上阴影色调。

图 3-92 刻画棉服上的花纹，注意对花纹的描绘不是平涂，需依据款式、结构有所取舍。

图 3-93 强调服装的暗面，突出花纹的立体感和棉服的膨胀感，用深色细线勾勒服装结构及视觉中心处的服装轮廓和拉链等。

图 3-88   图 3-89

图 3-90

图 3-91

图 3-92

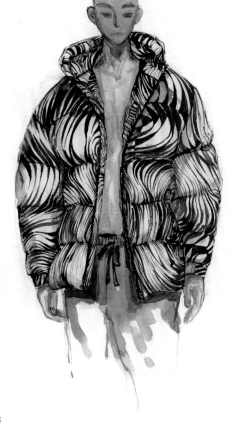

图 3-93

图 3-94

图 3-95

图 3-96

图 3-97

图 3-98

图 3-94 铅笔起稿。

图 3-95 用水彩铺底色，按照从内到外的顺序，先铺皮肤色，再铺服装与发色。

图 3-96 增加服装暗面，把服装结构清晰化。

图 3-97 刻画花纹，可通过加水来控制水彩浓淡以表现花纹的深浅变化。

图 3-98 刻画细节。再次加深暗面，增加立体感，同时用深色细线勾勒视觉中心处的服装轮廓和服装细节（如纽扣等）。

（本章服装面料表现步骤图由袁春然、江文卓绘）

 练习题：

◆ 线的表现图 3 张，匀线、粗细线、不规则线各 1 张，用 A3 复印纸或 8 开水彩纸。

◆ 黑白灰的薄画法表现图 1 张，用 4 开水彩纸。

◆ 黑白灰的厚画法表现图 1 张，用 4 开水彩纸。

◆ 自选不同种类服装面料的表现图 2 张，用 8 开水彩纸。

第四章　服装款式图的表现方法

服装款式图作为生产的科学依据，是对服装设计效果图的辅助和补充，详尽准确地表现服装设计的结构特征和细节处理显得尤为重要。

学习服装设计的学生如果只注重服装大的造型、色彩、面料等，忽略服装本身成型所需要具备的条件，不能从结构上来理解服装，往往会降低服装最后的完成度，达不到理想的设计效果。在效果图中淡化的结构和细节的处理，可以在款式图中有所交代。

一般来讲，服装效果图和款式图的表现角度是不同的。虽然效果图的表现力强，但不如款式图精确、严谨。效果图里包含着一个着装的人体，款式图是脱离人体平面化的，把服装的外部形状、内部结构特征、细节的处理等表现得很清楚。

4.1 手绘服装款式图的表现方法

独立存在的服装款式图多以正面为主，用以生产的一般配

有背面款式图和细节处理图。对于服装款式图的绘制，手绘主要有两种方法，一是徒手画法，二是尺规作图法。徒手画法生动灵活，尺规作图法严谨、准确，可根据不同需要采用不同的画法。好的服装款式图不仅可以作为生产的科学依据，也要从造型、线条、比例等多方面体现出一定的美感。特别是近年来，服装工业中已采用电脑自动绘制款式图方法，通过电脑在款式图中注入色彩、图案、面料等信息，使服装款式图变得生动起来。在款式图的绘制中也要注意上下身的搭配、配件的选择，让很多专业和非专业的人士通过款式图就能对产品产生感性的认识。

绘制服装款式图时，可以用服装配套法，如上衣和下装对应、外套和内衣对应，把上下、里外搭配的可能性组合在一起，这样排列的款式图，使服装看上去是配套的，具有多样性（图4-1~图4-4）。

图4-1 服装款式图的表现一（孙玥绘）

图 4-2 服装款式图的表现二（吴波绘）　　　　　　　　　　　图 4-3 服装款式图的表现三（吴波绘）

图 4-4 服装款式图的表现四（吴波绘）

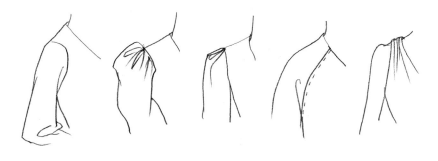

图4-5 几种肩袖的表现（吴波绘）

图4-6 几种领型的表现（吴波绘）

图4-7 Adobe Illustrator 2020 操作界面

标题栏和菜单栏

工具属性栏

工具箱

绘图区

面板区

状态栏

对于服装款式图的表现，通常有几个重点部位，即领型、袖型、省道及各种兜型，这些部位的结构应表现清楚，以强化服装的造型结构特征（图4-5、图4-6）。还要注意服装各部位之间的比例，例如衣长和袖长的比例、领型和衣身的比例等；上衣和下装之间的比例关系，都要处理得当，才能起到应有的参考作用。

4.2 Adobe Illustrator 软件绘制款式图

如今，电脑绘图软件成为设计师绘制服装款式图的常用工具。利用电脑绘图软件，既能够高效便捷地进行复制、撤销等操作，又便于传输、展示和储存，提高了款式图绘制的效率。在服装效果图绘制软件中，Adobe Illustrator（简称AI软件）作为矢量绘制软件，应用相当广泛。

（1）Adobe Illustrator操作界面

本书所教授的内容基于Adobe Illustrator 2020版本，双击图标启动软件，新建义档后进入操作界面（图4-7）。其界面由以下6部分组成：标题和菜单栏；工具属性栏；工具箱；绘图区；面板区；状态栏。

标题和菜单栏：位于操作界面的最上方，排列着"文件""编辑""视图""插入""格式""工具""窗口""帮助"等多项功能选项。在"文件"选项中可完成新建文档、打开文件、保存文件等操作。在"窗口"选项中可找到各类工具面板。

工具属性栏：位于标题和菜单栏下方，当用户在工具箱中选择不同工具时，工具属性栏会显示相对应的属性选项，可供调节。

工具箱：在标题和菜单栏的"窗口">"工具栏"选项中可调出工具箱，其中有基础和高级两种选项，本书教学选择高级（有两列工具栏）工具箱。

绘图区：点击"文件">"新建"，选择需要的画板尺寸、色彩模式（CMYK/RGB）、缩放比例、画板数量等，出现空白绘图区。

面板区：Adobe Illustrator 2020版本中有丰富的浮动面板，可通过"窗口"选项调出。常用的面板有：颜色面板、画笔面板、描边面板、路径查找器面板等。常用面板的使用方式在下文实操过程中具体介绍。

状态栏：可显示绘图区画板的缩放大小，Control Command+0＝满页面显示。如有多个画板，也可通过状态栏选择显示哪个画板。

（2）Adobe Illustrator基本工具和基础操作

在Adobe Illustrator的工具箱中有功能强大且丰富的绘图工具，可将工具箱中的工具分为：A 选择工具区；B 绘图工具区；C 变形工具区；D 填充工具区；E 符号与图表工具区；F 显示与剪切工具区；G 填色与描边工具区；H 更改绘图模式区；I 更改屏幕模式区。图4-8展示了各工具区内主要工具。

本书绘制服装款式图最常使用到钢笔、铅笔和画笔这三类工具。钢笔及其子工具（鼠标右击图表小三角）是最基本的绘制路径的工具。

图4-8 工具箱内各类工具介绍

基本绘图工具介绍

A 钢笔工具

绘制直线：选中"钢笔工具"，在画板中单击鼠标左键创建一个"锚点"，随即移动鼠标，鼠标尖端拖拽出一条直线，于画板任意位置再单击一次即可绘制一条直线，在拖拽直线的同时，按住Shift键，可绘制45°斜向、水平或垂直的直线，结束绘制时，可按回车键。

绘制曲线：拖拽鼠标画出直线，再单击时按住左键不放，此时的锚点两侧会出现一对手柄，使用"直接选择工具"调节锚点手柄的角度及长短，可控制曲线的弧度。

对路径中的锚点可使用"添加锚点工具""删除锚点工具"和"锚点工具"增添或调节锚点。

钢笔工具　　添加锚点工具　　删除锚点工具　　锚点工具

图4-9 钢笔工具及其子工具

B 铅笔工具

"铅笔工具"属于"Shaper工具"的子工具，鼠标右键单击"Shaper工具"，即可找到。选择"铅笔工具"，按住鼠标左键在页面中可随意地绘制任意形状的开放或闭合路径。

C 画笔工具

画笔工具与铅笔工具的绘制方式一样，但绘制的效果不同。从标题和菜单栏的"窗口"调出"画笔面板"，借助"画笔面板"选择不同的画笔笔刷，实现丰富的视觉效果。

基本选择工具介绍

A 选择工具

使用"选择工具"可选中整个路径，包括其中所有的锚点，单击对象时，出现调节框，可改变对象的大小。

B 直接选择工具

使用"直接选择工具"可选中单个或多个锚点，单击锚点时，可对出现的手柄进行调节。

选择工具和直接选择工具的功能

选择工具	直接选择工具
1 点选	**1** 选择锚点, 对图形局部变形操作
2 框选	**2** Alt键: 按住Alt键拖动节点可以复制变形后的图形
3 加选、减选 (按住Shift键可选取多个对象)	**3** Delete键: 删除路径
4 移动	**4** Ctrl键: 按Ctrl键可将直接选择工具转换为选择工具
5 复制 (按住Alt键拖动鼠标)	**5** 控制柄的调整
6 调整形状 (移动、旋转)	
7 隔离模式 (双击某对象, 进入隔离模式编辑对象)	
8 弹出"移动"对话框: 在已选图形的情况下双击工具或按下回车会弹出"移动"对话框	

牛仔夹克款式图绘制方法

A 掌握服装款式图的比例

因为服装款式图常用于产品生产, 所以要求服装设计师准确、严谨地表达设计思路和服装各部位的比例关系。在绘制款式图时, 可借鉴人体模特的基本比例, 通过辅助线来把握肩宽、袖长、腰宽、衣长等重要尺寸。

B 绘制准备

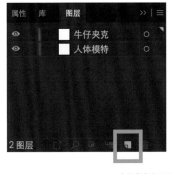

创建新图层

1 新建 "牛仔夹克款式图" 文件	**2** 创建2个新图层
在绘制牛仔夹克款式图前, 可先做以下准备工作, 以提高操作效率。打开AI软件, 单击"文件"菜单栏的"新建", 新建一个名为"牛仔夹克款式图"的文件, 文件大小可选择"A4", 横铺方向, 颜色模式为"RGB", 光栅效果"高 (300ppi)"。	在新建的"牛仔夹克款式图"文件中, 找到图层面板, 在图层面板上新建2个图层, 第一图层命名为"人体模特", 第二图层命名为"牛仔夹克", 并确保第一图层放置在第二图层下面。创建不同图层, 为了提高款式图绘制的便利和准确性, 可在绘制某一图层时, 将其他的图层进行锁定 (单击图层中"小眼睛"右侧空白位置, 出现"小锁", 即为锁定, 此时无法更改该图层)。

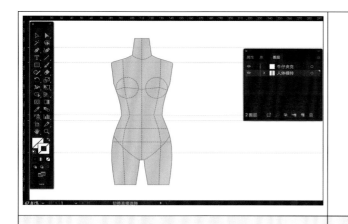

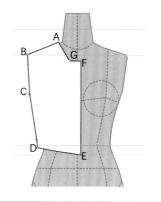

3 将人体模特粘贴入第一图层	**4 开始绘制**
将人体模特粘贴入第一图层，并加入"参考线"，作为绘图时的定位参考，参考线可定位在领高、肩高、腰线、下摆等位置。 　　设置"参考线"的方式：在"视图"栏，找到"标尺"，点击"显示标尺"，在出现的横向标尺上，鼠标单击不松手往下拖拉，可出现一条横向的"参考线"。在绘图面板空白处单击右键，可选择隐藏参考线，或显示参考线。	绘制牛仔夹克时，可先绘制左半边衣身，再复制另一半，最后整体调整，并绘制工艺细节。 　　点击"牛仔夹克"图层，并在该图层内绘制牛仔夹克款式图（第一图层仅作为参考，可对第一图层进行锁定，以防错选在第一图层绘制，导致混乱）。将"填色和描边"设置为"默认填色和描边"，即白色填色，黑色描边。使用"钢笔工具"按照"A—B—C—D—E—F—G—A"的顺序依次绘制衣身的轮廓。

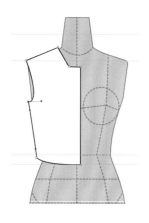

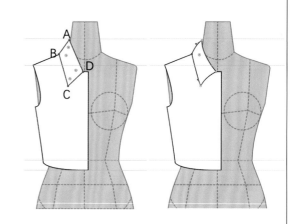

5 绘制前片衣身	**6 绘制衣领**
使用"钢笔工具"的子工具"锚点工具"和"直接选择工具"，调节锚点的杠杆，对刚绘制的衣片进行廓形调节。绘制时注意，因为衣服在人体上穿着时需要活动量，衣服与人体模型之间需要留有一定的空隙。	使用"钢笔工具"按照"A—B—C—D—A"的顺序依次绘制衣领的轮廓，并使用"锚点工具"和"直接选择工具"调节锚点的杠杆，对衣领进行廓形调节。

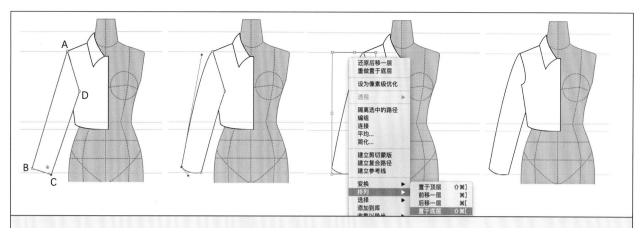

7 绘制袖子

　　使用"钢笔工具"按照"A—B—C—D—A"的顺序依次绘制袖子的轮廓，并使用 "锚点工具" 和"直接选择工具"调节袖子的廓形。使用"选择工具"，以鼠标右键选中袖子，选择"排列"＞"置于底层"，将袖子排列在衣身和衣领下，如图所示。

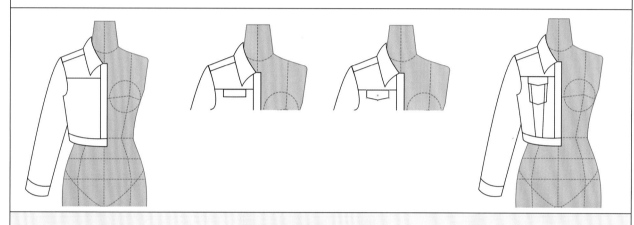

8 绘制结构线与口袋

　　使用"钢笔工具"在衣片上绘制如图所示的结构线。使用"矩形工具"在胸口位置绘制一个矩形，并在矩形下方横线的中心使用"增加锚点工具"增加一个锚点，使用"直接选择工具"点选新建的锚点，往下拖拉，形成口袋翻盖的形状。按此方式完成整个口袋的绘制。

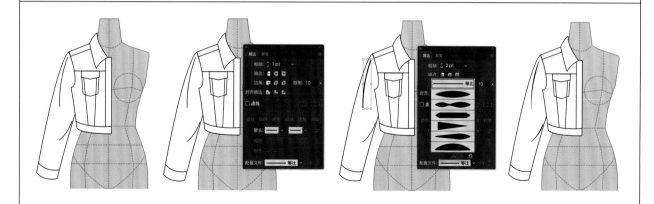

9 绘制衣纹

　　使用"钢笔工具"在衣袖上绘制如图所示的两条曲线。在"窗口"菜单栏调出"描边面板"，在"描边面板"中可调节线条的粗细，可将衣纹线段的粗细调节到 2pt。在"描边面板"中选择"配置文件"，其中有多种不同形态的线段可供选择，例如第一种两头尖、中间鼓的线段形态，它可模拟衣纹，也可选择第五种。若想对调线段尖头粗细部分，可点击"横向翻转"键，进行调节。

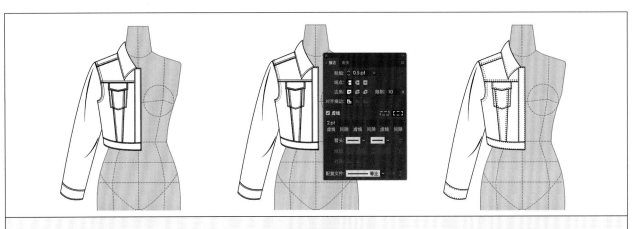

10 绘制缝纫线迹

使用"钢笔工具"在如图所示位置绘制线段，此时线段的粗细调节成 0.5pt，"填色"调节为"无"。再次调出"描边面板"，使用"选择工具"选中线段，然后勾选"描边面板"中的"虚线"方框，将数值修改为"2pt"，即出现模仿缝纫线迹的虚线段。

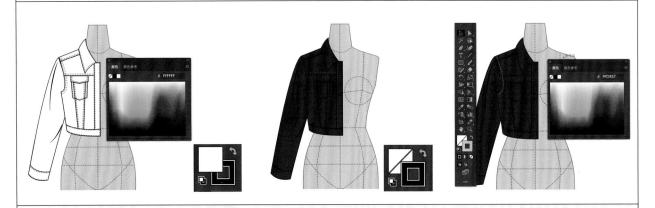

11 填充颜色

在"窗口"菜单栏调出"色彩面板"，使用"选择工具"选中衣袖、衣片、衣领等部位（注意此时"填色"方块位于"描边"方块之上，说明此时填充的是白色板块内的颜色），然后将鼠标移至"色彩面板"中，此时鼠标变成一根吸色管，可选取调色盘中任意一种颜色，为衣片填色。使用"选择工具"选中缝纫线迹（注意此时"描边"方块位于"填色"方块之上，说明此时填充的是线段的颜色），将鼠标移至"色彩面板"中，选取合适的黄色作为缝纫线迹的颜色。

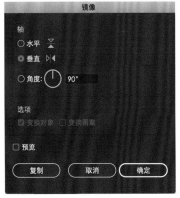

12 完成右侧衣片

在"图层"栏隐藏第一"人体模特"图层，使用"选择工具"框选左侧衣片，在键盘上按复制快捷键"Ctrl+C"和粘贴快捷键"Ctrl+V"，复制相同的衣片（若用苹果电脑，复制的快捷键是 Command+C；粘贴的快捷键是 Command+V）。框选新复制的衣片，在"对象"菜单栏中选择"变换">"镜像"，点击"垂直"，得到对称的两个衣片。框选右侧衣片，按鼠标右键选择"排列">"置于底层"，将右侧衣片置于左侧衣片之下，移动右侧衣片，调整到如图所示的合适位置。

13 完成衣领

使用"矩形工具"在后领口位置绘制一个矩形，颜色填充为浅蓝色（比衣身的颜色稍浅），按鼠标右键选择"排列"，将矩形"置于底层"。按照同样的操作，再制作一个窄矩形，设色与衣身相同。在排列位置时，该窄矩形位于倒数第二层。在后衣领的矩形上增加锚点，调节领型的曲线，增添缝纫线迹。

14 增添纽扣和扣眼

在牛仔夹克上粘贴纽扣和扣眼素材，并调整到合适的位置。调节各处细节，完成款式图的绘制。

（软件绘制款式图部分由董映云绘）

 练习题：

◆ 手绘服装款式图 1 张，绘制 8 件服装的正背面，用 A3 复印纸。

◆ 用软件绘制服装款式图 1 张，绘制 8 件服装的正背面。

第五章　色彩技法

色彩作为服装设计三大构成要素之一，比款式和结构表现出的效果更为生动、明确。无论是在纯艺术中还是在实用美术各学科中，色彩直接鲜明地表现出作品的个性。学习和研究色彩知识，将帮助我们更深入和科学地理解色彩的体系，灵活熟练地把色彩手段运用到设计中，从而提高服装效果图与时装画的表现力和审美价值。

5.1 服装色彩的艺术特性

色彩在服装设计的诸多要素中可谓是第一位的，当人们观察一套服装时，最先看到的是服装的颜色，随后才是服装的面料特征和款式结构，可见色彩的重要性。与其他艺术设计学科相比，服装的色彩有其独特的艺术规律，进一步讲，服装的色彩属于实用艺术的范畴，它与面料的质感是融为一体的，面料是服装色彩的载体，面料的质感一旦改变了，色彩的视觉美感也就随之改变，同一种颜色在不同的面料上所传达出的感情有时是完全不同的，例如：同是一种红颜色，当它用在粗花呢上时，给人的感觉是一种深厚而粗犷的美感；当它用在丝绸上时，让人感觉到的是一种轻柔而飘逸的美感；当它用在斜纹布上时，让人感觉到的是一种平实、朴素的美感。

在彰显服装美的过程中，最能吸引人、营造艺术气氛的是服装的色彩，这一点在服装展示会上体现得尤为突出。另外，服装的色彩随时与所处的环境发生作用。因此服装的主体色彩和环境色之间应是一种相互融合、相互协调的关系。

正因为服装的色彩在服装造型中所处的位置，在服装效果图和时装画中，对于色彩的配置和表现就显得尤为重要了。

5.2 服装色彩的配置方法

在服装色彩的应用中，常用的是以色相为主的配色方法，包括同类色配置、邻近色配置、对比色配置。

5.2.1 同类色配置

同类色配置是指运用同一色系（色相环上15°之内的颜色）色彩相配置，其中包括同种色配置，指一个颜色的不同明度、纯度的变化，如：深红和浅红，艳粉与灰粉。这种色调因不含其他色相，很容易取得协调、雅致的色彩感觉，但应该注意

色彩的明度和层次要处理得当，否则图面色彩会显得单调平淡。同类色配置还包括类似色配置，指红、橙、黄、绿、蓝、紫六个基本色相间的冷暖对比关系，如：玫瑰红与青莲色，柠檬黄、淡黄与中黄。这种对比关系在整体上显得统一，又产生微妙的变化，较易掌握。另外，在同类色配置中，巧妙地采用同色系但不同肌理的面料进行搭配可以产生既统一又有变化的艺术效果（图5-1、图5-2）。

图 5-1 同类色配置图例一（吴波绘）

图 5-2 同类色配置图例二（李筠绘）

图 5-3 邻近色配置图例一（邓逸梅绘）

5.2.2 邻近色配置

在色相环上，90°之间的颜色被称为邻近色，即红、橙、黄、绿、蓝、紫六个基本色相中相邻两色之间的对比关系，如：橙色与红色、蓝色与绿色、绿色与黄色等。邻近色的配置方法在较容易构成和谐的色彩效果之外，加强了对比，色彩较同类色丰富。但应该注意，颜色之间的纯度和明度应相互衬托，在相配置的颜色中要有主次、强弱和虚实之分，这样才会使服装的色彩有层次感（图5-3、图5-4）。

图 5-4 邻近色配置图例二（吴波绘）

5.2.3 对比色配置

对比色一般是指在红、橙、黄、绿、蓝、紫六个基本色相中间隔一个色相的对比关系,如:黄色与蓝色,橙色与绿色。色相环上两极相对应的颜色为补色,补色中有三对极端色,如:红色与绿色、黄色与紫色、蓝色与橙色等。

在对比色配置中,有两点是值得注意的。第一点是对比色在纯度和明度上的对比关系,一般的规律是,面积大的颜色其纯度和明度应低一些;面积小的颜色,其纯度和明度可以高一些。例如:整套服装的颜色是浅棕色,在领子或袖口上点缀少量的黄色,同时也可以利用腰带、围巾、首饰等服饰配件的颜色形成对比的关系,这样的色彩配置会使服装的色彩明朗而醒目。第二点是对比色在色相和面积上的对比关系。我们常常有这样的视觉体验,即色彩面积的大与小、色彩量的多与少的配置,其色彩配置给人的感觉是不同的。例如法国国旗中红、白、蓝三色的面积并非1:1:1,但从视觉上看,比例是均等的。同样是一组对比色,当对比双方的面积是1:1时,其对比效果最为强烈,但当对比双方的面积是1:100时,其对比效果就会产生明显的弱化。所谓"万绿丛中一点红",实质上就是万与一之比所产生的最佳艺术效果。色彩的对比关系处置得当,能够使图面的服装色彩效果鲜明而富有生气(图5-5、图5-6)。

图 5-5 对比色配置图例一(任若溪绘)

图 5-6 对比色配置图例二(梅伊霖绘)

5.3 服装色彩的处理手段

除上面讲的服装的配色方法之外，为取得各种有特色的色彩配置效果，可采用下列处理手段：

5.3.1 色彩的节奏

服装是为人服务的，最终目的是穿着在人身上，伴随着人体动作的快慢与强弱，服装面料本身就会产生不同的节奏，雪纺、丝绸、毛呢、皮革产生的节奏都有所不同。服装中最为明显的节奏因素还数色彩，通过色彩面积有规律的变化、交替，或有秩序地重复色彩的明度、纯度、色相、方向、形状等要素来获得节奏。

配色时常用三种节奏形式：渐变的节奏、反复的节奏和多元性节奏。渐变的节奏是一种色相、纯度、明度和一定的色形状、色面积等像光谱或色阶那样依次排列，由冷到暖或由暖到冷、由纯到灰或由灰到纯、由强到弱或由弱到强、由明到暗或由暗到明等，逐渐过渡的节奏（图5-7）。

反复的节奏可分为连续反复节奏或交替反复节奏。连续反复节奏即将同一色相、纯度、明度或同一色面积、色形状、色肌理等色要素连续做几次反复所获得的节奏。连续反复的效果极富节奏特征，有一种有秩序的、规律的美。交替反复节奏是将两个或三个独立的要素进行色调、位置、方向等交替重复的节奏，运动感不是很明显，但能起到加强印象、突出特点的作用（图5-8）。多元性节奏是在配色中将色彩的冷暖、明暗、形状等进行转折、重叠、强弱、大小等的变化，在视觉上产生强烈而富有动感的节奏，这种节奏的结构和运动形式很不规律，由复杂的多种元素相结合，是一种较为自由的节奏形式，这种节奏的最大特点是有个性、充满生气、富有运动感（图5-9）。

图 5-7 渐变节奏（李楠慧绘）

图 5-8 交替反复节奏（汤曼琳绘）

图 5-9 多元性节奏（胡梦琳绘）

5.3.2 色彩的关联

所谓色彩的关联是指在相配置的几种颜色中，利用设计手段或造型结构使颜色相互交融、相互渗透（图5-10、图5-11），使服装中外套、内搭、上装、下装、围巾、手套、首饰等之间的色彩相互呼应。如：外衣和内衣的色彩相关联；服装与服饰配件的色彩相关联等。但一定要掌握好色彩的主次、宾主关系，从而获得既统一又丰富的效果。

图5-11 色彩的关联二（刘姝婕绘）

图5-10 色彩的关联一（成曦绘）

5.3.3 色彩的秩序

赤、橙、黄、绿、青、蓝、紫的色彩在人的视觉当中会形成很明确的强弱关系，荧光黄、荧光橙常被用在环卫工人、交通警察的制服上，有一定的提醒和保护作用，正是反映了这种色彩的强烈性。从赤到紫的色彩在纯度、明度上的变化，反映了颜色的节奏感，正因为色彩本身所产生的强弱关系、节奏排列等，就形成了色彩的秩序感，巧妙地运用这种秩序感会强化服装色彩的视觉美感。

另外，在服装造型中，同一种颜色的反复出现，两种颜色的相互置换，面料图案中纹样、条格的大小和交替，裙褶的疏密、长短等，都会产生一定的秩序感。因此，在时装画的用色上，应善于运用视觉美的法则，通过恰到好处的艺术处理和装饰手法来突出服装的审美价值（图5-12）。

5.3.4 色彩的强化

当时装绘画中的用色过于平淡时，为了弥补配色的贫乏与单调，或者有意识地将人们的视线引向某一个重点部位，常常采用较漂亮的颜色进行强化和点缀，从而吸引人们的目光（图5-13）。色彩的强调关键是位置的选择，一般服装中人的头部、肩部、胸部、腰部是设计的重要部位，这种艺术处理的运用能起到"画龙点睛"的装饰效果。但是，这种艺术处理手法的运用要处置得当，把握分寸感，且应该注重其整体色彩的协调性，切不可泛泛设置。只有当强调部分与整体形成对比关系时，强调才会起作用。

5.3.5 色彩的间隔

在时装绘画中，有时为了弥补配色过于强烈、刺激，或者相反出现色彩融合时，可采用一种色来进行间隔。用来间隔的色

图 5-12 色彩的秩序 （徐征绘）

有三类：无彩色系的黑、白、灰，间隔效果容易突出；中性的金、银色，间隔效果强烈，但需注意与画面色彩的协调；有彩色系作间隔色时，要与原色彩有所对比，没有对比就产生不了间隔的效果（图5-14）。间隔的作用会使过于强烈的图面安定下来，得到既明快、醒目又协调、完美的效果。同时，也能使"靠色"的图面重新活跃起来，取得和谐、生动的色彩效果。

总之，服装的色彩配置和处理手段有其自身的艺术规律。理想的服装色彩之美，首先应该是悦目并给人以快感的，其次是既有主次、虚实之分，又要在变化中求统一，与服装的造型、服装的面料及着装者的审美需求形成一个有序的整体。

图 5-13 色彩的强化（习芸婷绘）

图 5-14 色彩的间隔（李施怡绘）

5.4 色彩薄画法的表现方法

时装绘画中，薄画法是运用水彩色、透明水色等颜料为主要材料，表现服装设计的各种造型的方法，其中水彩表现技法是最主要的表现方法之一。水彩色晶莹剔透、酣畅淋漓，适合表现一些透明的、半透明的及轻薄的服装，用笔可以大面积地涂画，也可以进行较为细致的晕染。但应注意，水彩色覆盖力很弱，在用笔与着色时最好一气呵成，如果反复涂抹，就会使画面的颜色看起来很脏，破坏图面效果。薄画法一般选择白云笔或水彩笔，运笔力求干净利落、层次分明，适用于明快、爽利的画面风格及与之相适应的服装主题。

水彩表现技法常用的有以下三种基本画法：

5.4.1 晕染法

晕染法是运用国画中工笔重彩的表现手法，着重刻画服装的细部和面料的质感，强化了服装的造型特征和艺术效果。具体方法是用一支颜色笔和一支清水笔同时绘制，把颜色涂在线条的一侧，趁其未干时马上用清水笔将颜色渲染晕化开，由深至浅，使图面表现出丰富的层次感和装饰趣味，形成渐变的、韵味十足的视觉效果。

在晕染时，要把握好色彩浓淡的变化。运笔的方向、水分的掌握、时间的控制、下笔的轻重，都会对晕染的最终效果产生影响。晕染法适合表现具有飘逸动感，造型宽大、舒适，或强调织物图案特色的服装效果，特别是一些柔和、优美的婚纱礼服类。

晕染过程中需注意画面的主次关系，把设计重点和服装主体作为着重刻画的对象，其他部分要概括简练（图5-15~图5-18）。

图 5-15 以细腻的晕染法表现如天使般的儿童着装、配饰和道具（陈雨函绘）

图 5-16 连衣裙上小面积图案的晕染与披肩上大面积的晕染在统一的色调之下形成对比关系，用晕染法的张弛有度凸显服饰的整体造型感（关畅绘）

5.4.2 写意法

所谓写意法是借鉴中国画中写意的用笔和着色技法，是时装绘画中常见的一种表现形式，有一定的抽象美感与多意性（图5-19~图5-25）。

选择大白云或大号水彩笔，颜料蘸得饱和一些，按照服装的结构大笔挥洒，下笔的方向需按身体的结构，也就是衣纹线条的走向而定，笔触是借助衣纹、衣褶的结构来完成的，使色彩成"面"、衣纹成"线"，并善于运用笔触和留白的处理，虚实、浓淡掌握得当，通过交融连贯的设色、穿插有序的线条、流畅生动的笔触表现丝绸、纱等柔软轻薄的织物，尤其适合表现一些大面积的服装造型，如曳地长裙、披风等，体现出一种张力与动态，其效果给人以生动而大气的感觉。在绘制时要注意水分的掌握和水迹的形成。

图 5-17 用晕染的方法表现丝绸的细腻、润滑，以线带面的方法表达皮革的质感，服装上的图案随身体起伏若隐若现，更增加了模特的动感（吴波绘）

图 5-19 借用国画中兼工带写的绘画方式表现传统服装的廓形和纹样（张笑语绘）

图 5-18 对晚礼服的细节和明暗转折处做了少许的晕染，突出了服装典雅华贵的本色（吴波绘）

图5-20 单纯的玫瑰色因调入的水分不同变化出浓淡不同的丰
富韵味,色彩因笔触的随性而生动起来(吴波绘)

图 5-22 少许勾勒的裙摆、大面积的留白处理,加之对裙身整体色调与细节的把握,使图
面简洁耐看(吴波绘)

图5-21 用刚柔结合的笔触表现出蕾丝、网纱及红裙的质感,
别有一番韵味(吴波绘)

图 5-23 通过交融连贯的设色、流畅生动的笔触表现出富有张力的
动态之美（吴波绘）

图 5-24 对羽绒服上每个小起伏明暗面的着意刻画，强调了它的结构特点

（吴波绘）

图 5-25 服装款式、结构、材料的复杂性，因选笔、用色的不同融合起来，
表达得很具神采。或软或硬的纱以及光滑的丝织物，都张扬出自己的个性

（吴波绘）

5.4.3 没骨法

所谓没骨法，就是在整幅图中完全用面来表达服装的造型，和国画中的没骨画法一样，追求一种大气整体的意境。在绘制时，用笔依照服装的造型，从上至下，从左至右。同时考虑到服装的结构特征和色彩表现两种要素。其用笔用色力求一挥而就，切忌反复用笔。着重强调服装的大感觉和外在形式，忽略细节的刻画，营造一种宽泛的服装氛围，所强调的是服装的精神性，淡化服装的物质性（图5-26~图5-31）。

图5-26 黑白分明的设色，头部装饰细节的描画，服装语境表达到位

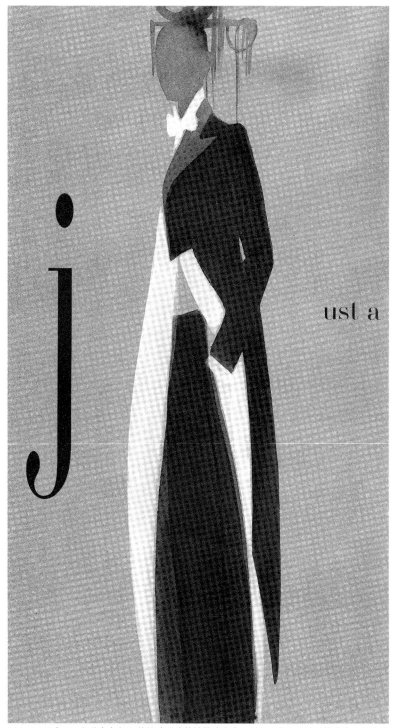

图5-27 没有用一根线条却把服装的造型清楚地传达出来，对于服装和人体结构本身的贴合表现驾轻就熟

图 5-28 细致地通过留白的方式把服装的结构交代出来，花纹的表现轻松随意（吴波绘）

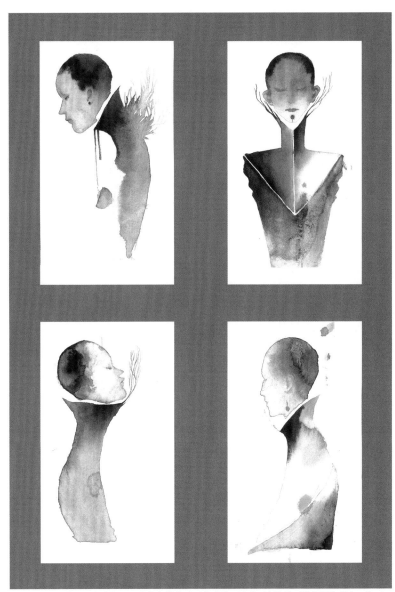

图 5-29 没骨的绘画方法摆脱了线条勾勒的平面化感觉，通过预先设计画笔的调色程序、技巧，能够表现物象的明暗和质感，达到立体的效果（李柳依绘）

图 5-30 深色的服装与妆容在灰色背景与红发的衬托下，让观者更多地感受到画面的故事性，没骨画法增添了神秘的艺术氛围（徐隆绘）

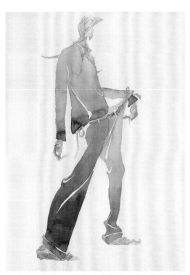

图 5-31 服装上以没骨画法的松弛感及留白为线与围巾、腰带、鞋从设色与画法上形成对比（杨晨绘）

水彩的技法在运用中，不仅可以画，也可用"留"的方法，如飞白处理、水迹的保留等特殊的表现技巧，常常能出现一些意想不到的效果（图5-32~图5-34），使图面产生一种新颖、别致的艺术情趣。

图5-32 网眼纱、雪纺、皮草、皮革、针织衫等质感在同一画面中交相呼应，使画的韵味更强（吴波绘）

图5-34 裙部褶皱预留的高光随人体的动态而变化，手中的皮草质感生动（吴波绘）

图5-33 图面中水迹在袖子和裤子处的停留，因干湿程度变化表现出不同的效果，透明纱质肌理内衣的烘托使面料质感十足（吴波绘）

5.4.4 透明水色的运用技法

透明水色在建筑效果图中应用较多,它的特点是颜色较水彩、水粉鲜艳,饱和度高,透明度好,渗透力强,但同时其特性决定了颜色的速干性,不宜涂匀,如果把握不好,画出的颜色会让人感觉烦躁,尤其不适合表现皮肤色。透明水色可以和水粉、水彩等颜料一同使用,可以避免自身的一些应用弱点。

透明水色有瓶装和附着在纸上两种,附着于纸上的透明水色是原用于把黑白照片染成彩色照片的颜料,现在容易买到且经常使用的是瓶装透明水色。透明水色画法与水彩画法相似,也是先画亮面,后画暗面,控制好颜色的纯度,用多层罩染画法,可以把对象表现到极细致的程度,对空间感、立体感和衣物的质感进行很好的渲染。

透明水色因它的渗透力和扩张性,在先上的颜色未干时,涂上另一种颜色,颜色会在画面中随机晕染开来,形成很随意的图案效果,接近于扎染、蜡染等面料的特殊纹理。另外,结合中国传统工笔重彩的画法,用一支蘸色笔和一支清水笔借用透明水色进行晕染,也会在效果图的表现中取得良好的视觉效果。

薄画法颜色透明,通透而有光感,与线描结合轻松自然(图5-35~图5-41)。

图 5-36 丰富的深浅明度变化,在红色水色中进行有秩序与韵律的展现,较强地表现出体量与层次感(吴波绘)

图 5-35 充分利用蓝色透明水色随机形成的水迹,表现充满童真意味的服饰(覃欣晗绘)

图 5-37 充分利用透明水色通透、艳丽的特性，表现活跃俏皮的服装特点，用格纹与对比色的穿插赋予图面跳跃的节奏感（王凯伦绘）

图 5-39 透明而艳丽的色彩是表现质感的理想手段，夹克衫上水痕的运用契合衣服的结构与形体的韵律，可以加强对形体与材质的塑造，精确的留白使画面向高调靠拢（吴波绘）

图 5-38 裙子上的水痕运用以及透明色彩的叠加展现了服装的造型和层次感，而精妙的形体留白在突出服装形象的同时体现出很强的绘画意趣（张涵绘）

图5-40 丰富的线条及粗与细、软与硬的不同，使紧与松、虚和实张弛有度，相得益彰。水色叠加的水痕晕染体现出服饰图案微妙的变化，较好地表达出面料的质感与光影效果（吴波绘）

图5-41 较为归纳的色相控制，层次分明的明度铺陈，妥贴的线条勾勒与恰如其分的留白体现出服装的飘逸，背景底色的运用加强了构图的冲击力与形式感（吴波绘）

5.5 色彩厚画法的表现方法

与薄画法不同的是，厚画法可运用水粉颜料、丙烯颜料、油画颜料来表现服装设计的多种造型。其中水粉颜料最易掌握，也应用最广。与水彩颜料相比，水粉颜料具有厚重感、表现力强、可厚涂也可薄画等特点，同时，水粉颜料具有较强的覆盖力，假如第一遍的颜色画得不理想，可以用新调制的颜色进行修改，因此，水粉画法适合表现一些粗犷的、有厚质感的和各种特殊肌理的服装效果。

水粉画法的用笔一般选择水粉笔、白云笔等，其表现方法有以下几种：

5.5.1 平涂法

平涂法是装饰绘画中最基本的表现方法，装饰味浓，画面表现出工整的美感。其画法是以织物的固有色为主，按照服装的结构平涂上去，不强调明暗变化，将服饰以剪影的形式做平面画处理，具有很强的装饰性。

运用平涂法时，调和颜色的水分要适当，水分太多，会在画面上形成由于水分不匀而产生的色彩浓淡、深浅的差异；水分太少调出的颜色过于干燥，在运笔时就会出现枯笔，颜色不易涂匀。平涂时的笔触也很重要，运笔力求方向统一，避免方向杂乱，才能产生色彩均匀的效果。在确定采用平涂法后，颜色要一次性多调一些，以免画到一半颜色用完了，重新调出的颜色很难和先前的颜色完全一致，影响画面的色彩装饰效果。在颜色未干时不要重复涂色。

有时为了避免图面的呆板，在服装的一侧留出侧光或者在两侧都留出侧光，以此来增强服装造型的立体感。平涂法更适合表现造型结构简单的、图案细致规整的服装效果。在画面的处理上，要注意色块面积的比例关系和外形轮廓的变化。

平涂法不强调动感，变化少，色彩间过渡生硬，不适宜表现轻薄透明、动感强、注重色彩间微妙变化、大面积灵动飘逸的服装（图5-42~图5-45）。

图5-42 在大面积的黑色平涂色块中，女装的粉色连衣裙格外引人注目，画面营造出浓郁的晚会氛围（周梦雨绘）

图5-44 不考虑明暗光线的作用，使用大块面的颜色去追求绘画的装饰性，尽可能地突出图案的美感（关畅绘）

图5-43 用平涂的方法来表现几何化的图案，画面装饰味强，呈现出工整的韵律感（吴波绘）

图5-45 画面采用平涂方法，颜色饱满、着色均匀，通过黑色和金色的强烈对比，创造出充满神秘、深邃的空间感（许诺绘）

5.5.2 厚涂法

为表现那些如毛呢、棒针织物等具粗厚质感或凹凸纹理的织物，借用油画中印象派、点彩派的表现手段，利用水粉厚涂或超厚涂的特点进行相应的艺术处理，同时可以配合国画用笔的皴擦技法来表现绒面皮、麂皮等。还可以运用拖笔、逆笔等技巧去表现一些特殊肌理的服装，使之产生粗犷、豪放的视觉效果。在图面上使用的颜料自身的厚度强化出服装的质感，在视觉和触觉上更逼真（图5-46~图5-51）。

图5-46 较强肌理与质感的纸张选择，使衣物丰富的材质表现得充分自然，偏冷的底色衬托得主色调的暖更加饱满丰盈（吴波绘）

图5-47 颜色丰富，质感精妙，线条韵律感十足，发型与配饰的表达轻松而有韵味，背景色的虚实变化提升了画面的艺术感，技法的运用体现出材质之美，人物尽显其魅力（史蒂文·斯提贝尔曼绘）

图5-48 冷色调面料主题与桃红皴擦底色映衬，在抽象随意的笔触中融入透视感。多人构图，远、中、近景分明，人物姿态富有韵律，画面中色彩点线面的运用恰到好处（史蒂文·斯提贝尔曼绘）

图 5-49 主体人物和服饰由缤纷斑斓的色彩点涂完成，这些斑斑点点，通过视觉作用达到自然结合。在多样变化的色调之间，有的表现出和谐的关系，有的则通过变化而具有活力和趣味（周梦雨绘）

图 5-51 粉色的裙子通过厚涂法的排笔和堆砌，使整体更具有立体感、真实感和厚重感，背景处带状的点彩似烟花一般绽放（刁芸婷绘）

图 5-50 画稿风格模仿阿尔丰斯·穆夏新艺术运动的插画作品，少女的蓬蓬裙使用丙烯颜料厚涂的方式渲染色彩过渡，并在末梢通过点彩洒金的手法增添高贵之感（关畅绘）

5.5.3 笔触法

借助笔触，灵活生动地表现服装结构的体面转折关系，体现皮革的光亮感或金属织物的肌理等。丰富服装的层次，注重运笔的气韵，笔触的运用与飞白的处理一般是同时穿插进行的。值得注意的是，笔触的运用应有一定的秩序感，不破坏服装本身的结构关系，避免杂乱无章（图5-52~图5-57）。

用笔触法上色时，根据服装的结构在图面上留出空白，增加画面的光感和层次，对于面积较大的服装可留有较多的空白，增强视觉的轻盈，使效果更为真实和生动，体现出笔触痕迹的美。

厚画法与薄画法的表现方法与步骤大同小异，不同之处在于：水彩颜料、透明水色等属于透明颜料系列，没有覆盖力；而水粉颜料、丙烯颜料、油画颜料等属于不透明颜料系列，覆盖力很强。

在着色时，薄画法一般是一遍而成，只可作少许的局部调整；而厚画法则可作一次或再次的修改，过多的修改则会影响图面的色彩效果，有时底色会返上来影响色彩的明度和纯度。另外，在勾线时，薄画法可用毛笔勾线，也可以用钢笔勾线；而厚画法只能选用毛笔勾颜色线（所勾得的颜色线应比主体服装的线深一度或浅一度），如用钢笔勾线，所用颜料会造成运笔的不流畅或堵塞钢笔尖。这些都是两种画法的不同之处，也是我们在绘图过程中应该注意的。薄厚画法的表现方法并无固定规则，在掌握基本要领的情况下，灵活运用，会获得意想不到的效果。

图 5-52 大面积的空白与服装固有黑色之间的对比，用灵活的笔触穿插起来，光影的流动之美尽现纸上（吴波绘）

图 5-53 根据人体运动在服装上留下的痕迹来体现笔触的美感，在上、下装之间通过不同比例的留白增加了画面的光感和层次，效果真实而生动（吴波绘）

图5-54 一头张扬的红发使用质地较硬的笔刷和较干的颜料绘制，以或轻重、或疾缓、或曲直的笔触感体现了一定的节奏韵律。在红色中掺杂黄色，为画面增添了色彩的变化（汤曼琳绘）

图 5-55 借助笔触，生动地再现裤装的体、面、关系，以飞白的穿插、笔触的运用，体现出光与影、虚与实之美（吴波绘）

图 5-57 画面中笔触的节奏感表现在绘画创作时因运笔而形成的轨迹中，这里使用宽笔刷模拟纱质裙摆的变化，从上至下，逐渐变疏变浅（牟世茜绘）

图 5-56 依照服装的体、面关系，用线、面结合的笔触表现裙子的浓重感，肩部纱质料的处理，胸衣、鞋子相对精致的点彩图案，使图面于粗犷中彰显细致之美（吴波绘）

5.6 关于学习步骤

在明确和掌握了时装绘画的表现方法和基本理论之后，即可按这些方法和步骤进行实践。在学习绘制时装画时，如果具备一定的绘画基础，会提高得更快。视基础不同，有下列三种学习手段可供选择：

5.6.1 临摹范图

绘画基础薄弱的读者或者初学者由于缺乏对人体比例、色彩配置、构图形式的理解，很难在短时间内进行创作，因此应从临摹范图入手。选择一些构图完整、结构准确、服装服饰交代得比较清楚的图例，从人物造型、细节刻画、比例关系、绘图方法、运笔特色等多方面仔细研究，反复琢磨，再着手按上面所讲的方法和步骤来绘制。

5.6.2 参考图片

有一定绘画基础的读者和设计实践者，可直接参考相应的图片资料进行绘制。降低创作的难度，又发挥一定的创造性，可从单纯临摹范图的方式中解脱出来，进行新的尝试。在参考图片绘制时要注意人体的比例关系，因为图片是现实的写照，需要在参考和绘制的过程中，不断地进行提炼、取舍、概括，表达出设计的重点和特色。通常也可以把几幅参考图片经过整理，放置在一张图中，形成新的构图形式，根据自己的审美要求进行艺术处理和再创作（图5-58）。

5.6.3 独立创作

对于绘画基础好、具有相当设计水平的读者，临摹范图和参考图片已远远不能满足他们的需要，此时学习手段可以选择独立创作。根据自身的设计经验和对于流行要素的把握，将反复酝酿和构思的服装造型快捷、准确地在图面上表现出来，完整的构图、恰当的姿态、合理的色彩配置，在图面上一一体现，把自己的设计完美地表达出来，这是学习绘制时装画的最高层次。

需要着重指出的是，由于绘画基础和设计水平的参差不齐，在学习的过程中，应善于选择与自己相适应的学习手段和学习方法。一旦找到了正确的学习手段和学习方法，就能事半功倍。循序渐进是学习任何知识都适用的法则，切忌急于求成。

图5-58 依据秀场参考图片进行取舍、布局、再表达创作的时装绘画（袁春然绘）

 思考题：

◆ 服装色彩的常用配置方法是什么？
◆ 服装色彩包括哪些处理手段？
◆ 色彩的薄画法和厚画法在着色上有哪些不同？

 练习题：

◆ 色彩薄画法的表现图2张，分别用8开、4开水彩纸各画1张。
◆ 色彩厚画法的表现图2张，分别用8开、4开水彩纸各画1张。

第六章　多种材质与风格的综合表现

多样的表现技法、丰富的绘画材料在服装效果图与时装画中的应用，使时装绘画呈现出多元的状态，广泛借鉴其他艺术门类的形式和表现方法，使其风格愈来愈个性化，新的思维方式、创作方法，包括新工具、新材料的使用，特别是电脑绘图软件的应用，为我们提供了更广阔的创作空间，在为设计服务的同时，其本身的欣赏性和趣味性也大大提升。

6.1　各种笔与纸张的综合运用

时装绘画中的主体是服装本身，某些质地、颜色、图案用通常的绘画方法不易表现出来，为了真实巧妙地再现其特色，可以利用不同笔、颜料、纸张的特性，在绘图时更好地表现出设计图中所涉及的不同材质。表现手段的巧妙选择，从某种意义上说，能弥补由绘画功底较弱造成的不足，在画面表现中取得丰富的效果。

6.1.1　油画棒及其综合技法

油画棒是一种蜡质画材，在表现粗质的肌理和面料及毛线编织图案上有独特的优势，适于表现粗犷的效果，单独使用时要注意线条疏密、色彩关系的处理，但局限性是不利于细

图6-1 油画棒细腻的线条与概括的色彩，充分表现出阔袖毛衣上图案的美妙，结合领型与露脐的设计，突出了款式的时尚感（吴波绘）

图6-2 油画棒虽然笔触粗犷，但也可以表现细节，画面中戏剧旦角的头饰、戏服以及服装上的刺绣流苏等细节，都通过油画棒细腻地刻画出来（蒋子艺绘）

图6-3 点状白花与幼细蓝线将粉色丝绒质感长裙装饰得更为华丽，轻纱下透出的纹样丰富了画面层次，突出了款式特点（吴波绘）

节的刻画。油画棒与水彩、水粉、透明水色等颜料结合使用时，因其不溶于水，可表现出厚质面料上的图案或条格，得到一种特殊效果。

通常，先用油画棒画出所需的图案纹样，再着水彩、水粉等水性颜料，由于油画棒是油性的，它排斥一般的水质颜色，因此会形成一种特殊的视觉效果。当然，也可先用水彩、水粉着色，再用油画棒画出图案。绘制顺序的不同，能产生不同的图面效果。

绘图时，结合着装人体的明暗、透视关系，用油画棒上色，要处理好虚实关系，注意不要把服装中的图案或纹理画得很平面，以至于和整个图面脱节，要整体地考虑画面效果，形成和谐、统一的图面关系（图6-1~图6-6）。

图6-4 油画棒粗犷的线条与鲜艳的色彩充分表现出高领毛衣的质感，结合黑色的背景，这些霓虹色尤为引人注目（苏峻瑶绘）

图6-5 利用油画棒铺展性和叠色优异的特点，模仿织带编织工艺，蓝色、绿色和紫色横纵交错，色彩排列秩序井然 （江文卓绘）

图6-6 油画棒浓郁的色彩饱和度在表达色彩关系时尤为适用，也能达到较为细致的刻画效果（李兰心绘）

6.1.2 彩铅与彩铅水彩法

　　彩色铅笔是一种容易掌握的绘画工具，可运用素描的艺术规律表现服装造型和面料质感，用笔讲究虚实层次关系，能很好地表现服装的立体效果，使画面的服装造型和面料质感特征更加细腻逼真。缺点是色彩冲击力不够强烈，如果以彩色铅笔为主要绘画材料，最好在配饰或一些小细节处用其他绘画材料加以衬托和强调。

　　彩色铅笔分为水溶性彩铅和普通彩铅两种：水溶性彩铅在溶于水时，颜色比直接绘制鲜艳、透明，所以当你决定要在图面的某一部分做溶水处理时，一定要先在草稿上做实验，观察其效果是否令人满意，然后再在正稿上完成。在使用彩铅绘图时，切忌图面用笔过多，追求绘画中的写实效果，否则会适得其反，与效果图要求简洁、概括的主旨背道而驰（图6-7、图6-8）。

　　水彩和彩色铅笔结合绘制效果图，能起到相辅相成的作用，水彩由于自身不具有可覆盖性，在绘图时追求意境，讲究一气呵成，这就给对图面效果没有把握的初学者带来一定的困难。因此，仅仅把水彩颜料作为图面大面积着色的材料，细节、明暗转折借用彩色铅笔这一工具来完成，就会简便许多，最终效果也更容易把握（图6-9、图6-10）。

图6-7 用彩色铅笔较为细致地刻画服装的图案，营造清新自然的服装系列作品（高元睿绘）

图6-8 在运用彩色铅笔这种工具时，注意笔调的虚实变化，可把面料的质感细腻逼真地再现出来（吴波绘）

图6-9 一袭色彩对比强烈的晚礼服，为突出裙子的厚重感，在褶皱处、结构处用彩色铅笔加强其体量感，使服装更加华贵大气（吴波绘）

图6-10 用水彩铺陈画面的部分底色，再以彩铅刻画人物与服饰的细部，人物与服饰造型精准传神（牟世茜绘）

6.1.3 马克笔的运用技法

马克笔是一种非常方便快捷的绘画工具，优点是色彩的快速运用，着色简便，无需水调和、快干，便于携带。缺点是在色彩的选择上有局限性，虽然马克笔有百余种颜色，通过色彩叠加，可以获得更多的色彩变化，但对于织物微妙的色彩关系，有时难以获得良好的效果。

马克笔分油性和水性两种，用后都有渗出，即扩散性。这种渗出在不同的纸上会有不同的反应，所以选用马克笔来完成时装画时，最好准备双份的底稿，以备没有预料到的渗出破坏正在着色的图面。颜色不要反复涂刷，否则会造成画面脏浊。

用马克笔着色时，可用分块面的方法涂大面积的颜色，在所画的服装衣片或褶纹上，一次画一个部位，快速地移动马克笔进行着色，在一部分颜色画完之前，小心不要让颜色干掉，否则干、湿颜色之间会出现交叠线，破坏衣服本身的结构。另外，要用马克笔表现效果图中的阴影和图案，应先上浅色，再上深色，为了使阴影或图案笔触明确、边缘清晰，则可等先上的颜色干了之后，再画阴影和图案（图6-11~图6-17）。

图 6-12 利用干湿变化突出材质，润泽饱满的笔触画出长裙皱褶的肌理之美，深色丝绒也用润笔勾涂出渲染的效果，干笔放射状的排列表达出纱的轻灵，值得一提的是，纱的部分是在纸面背后着色的，利用从正面洇出的效果表现纱轻盈透明的特性（吴波绘）

图6-11 皮肤概括的平涂体现出很强的光感，明确交代出光的方向与强度，令人眩目。用有组织、有韵律的线条堆砌，塑造出衣物本身的动态，并与人体结构密切契合，头发的笔触较为细巧，与织物明显不同，突出了蓬松的感觉（吴波绘）

图6-13 用平滑的笔触表现出被紧身衣包裹的、有张力的体态，银笔的点画结合细蓝格子表现面料的图案特色（吴波绘）

图 6-14 马克笔的潇洒干练与中国水墨山水画的儒雅清远形成对比，两种画材画风的碰撞形成了新颖的视觉效果（解谨翼绘）

图 6-15 较干的笔触柔和地排列，表现出女性的柔美，半透明的质感更衬托出人体的造物之奇（吴波绘）

图 6-16 用干净明快的线条具体交代出款式的特点，线条粗细排列方向的变化结合轮廓线的勾勒，表现出一个系列中材料细微的差别，肤色、发型体现了少女装的风格特色（吴波绘）

图 6-17 用轮廓线结合不同的笔触，表现同一色系下不同材料质感的特点，下装用近乎白描的方法沿结构线交代出明暗转折（吴波绘）

6.1.4 色粉笔的运用技法

色粉笔因自身的性能和特殊表现力，常被用在表面肌理变化丰富的织物上，特别是一些带有绒面效果的，如丝绒、天鹅绒、平绒和貂绒毛服装的表现上。色粉笔的使用有其局限性，和粉笔一样，固色性能差，因此在完成效果图后，要用定画液固色，而且要尽量避免和其他作品来回摩擦。

以色粉笔为主要绘画工具来完成服装效果图，最好选用深色底纹纸，这样各种颜色特别是浅色才能在图面中淋漓尽致地表现出来。因色粉笔一般为长方形，绘图时要尽量保持笔头的一边有棱角，以便画出细笔触，刻画细节（图6-18～图6-22）。

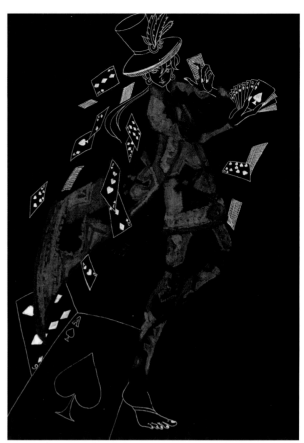

图 6-19 色粉的画面表现力丰富，该画面使用的色粉色相十分鲜艳，另有黑色背景的渲染，使画面色调愈加浓郁热烈（杨妹绘）

图6-18 这幅色粉画既有油画的厚重感，又包含水彩画的灵动之感，在薄纱的处理上，使用色粉晕染过渡，表现柔和通透的质感（李兰心绘）

图 6-20 色粉除了表现梦幻朦胧的艺术氛围，也能用于刻画丰富的细节（解谨翼绘）

图 6-21 使用不同红色、橙色的色粉均匀
过渡，使画面呈现温暖且充满活力的氛围
（梅伊霖绘）

图 6-22 色粉笔表现出的
毛衣质感与其结构用水彩
着色的短裙产生明确的质
感差异，温润的皮肤，挑
染的发丝，麂皮靴、灰底
色的衬托与服装构成和谐
的画面色彩（吴波绘）

6.2 特殊技法的应用

6.2.1 拓印的运用技法

借用自然界中许多不同物质的肌理效果来表现多种服装面料的质地是拓印法的关键所在，这种方法在其他画种中被广泛运用，在时装绘画中的借用可以巧妙地表现出如呢、麻、毛、针织物等的特殊质感，区别于用单纯绘画手段表现出的效果，可以说是一种事半功倍的方法，特别适用于绘画基础较弱的学生。

所谓拓印原指把碑刻、铜器等上面的文字、图形印下来，方法是在物体上蒙一层薄纸，先拍打使其凹凸分明，然后上墨，显出文字、图像来。这种方法借用到设计表达中就变得更加丰富，如用海绵蘸上颜料，轻轻拍印在画面上，会留下细密的点状纹理效果，表现那种表面不光滑、纹理粗糙的织物是很神似的。还可以将选定的物质衬垫在画纸下，自上而下用笔蘸颜料和画纸产生摩擦，使该物质的特有肌理浮现在画纸上，形成和织物相似的质感，如将纤维板粗糙的一面置于画纸下面，用彩色铅笔与画纸摩擦，使下面的肌理浮现上来，表现出经纬交织的特色。粗呢面料、麻织物等都可运用此种技法。

拓印所选用的物质多种多样，可根据不同的画面需求来选定相应的物质，放开思路，能找到更多更好的拓印方法（图6-23~图6-25）。

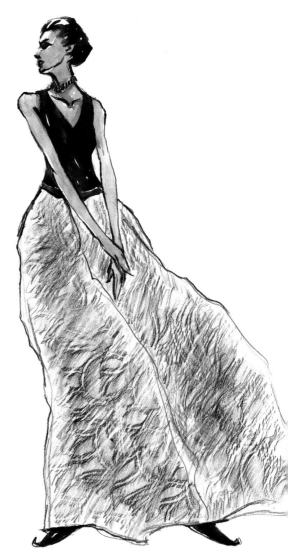

图6-23 图面中裙子部分用一个花瓶上的雕花作为底纹进行拓印，神似面料上的大花型图案，对画面起了很好的装饰作用，比手绘的效果更轻松随意（吴波绘）

图6-24 把揉皱的纸蘸上颜料，拓印在已上好底色的服装上，面料的特殊质感跃然纸上，是一种表现织物肌理简便易行的好方法（吴波绘）

图6-25 瓦楞纸的衬底，让毛衣的肌理效果更加突出，上衣小面积的留白和裤子的大面积留白，增强了画面的影调感（吴波绘）

6.2.2 拼贴的运用技法

　　收集不同的材料，运用到时装绘画的拼贴当中，可使画面丰富而富有趣味性。选择拼贴的材料是关键的一步，尽量避免用同样的材料来表现相同的内容，否则就失去了画面本身的意义，显得呆板和无趣。在材料的选择上一定要巧妙，尽量达到代用和借用的效果，在质感、色彩、形式上表现得形神兼备，达到以假乱真的程度。

　　废旧的画报和印刷文字是常用的拼贴材料，摄影作品和印刷品饱和的色彩是颜料不易表现的，借用到拼贴画中，能更好地传达出服装的色彩、图案，烘托画面的气氛。借用线表现毛织物，揉皱的纸表现面料的纹理，塑料薄膜表现透明纱，橘皮表现织物的厚重感等，都是不错的选择。

　　可用到拼贴画中的材料非常丰富，要注意的是在一幅作品中不要采用过多的材质，要强调画面的装饰美感，做到适可而止。另外要注意绘画手段和拼贴相结合，以便得到更逼真、完美的图面效果（图6-26~图6-34）。

图6-26 用黑色的夸张笔触突出人物的剪影，以剪好的适形硫酸纸覆盖于人体之上，不仅表现了透明服装材质的特点，也增加了画面的叙事性和意境（康哲淼绘）

图6-27 借鉴剪纸与拼贴手法表现传统服饰的创新设计，色彩布局与装饰烘托出浓郁的民族特色（徐心钰绘）

图 6-28 用大量切成片状的橡皮和蝴蝶装饰物粘贴在一起组成人物的富肌理感的服装，远观似一个个色点，使画面充满童真和趣味（司经华绘）

图 6-29 为表现西班牙舞者热情奔放的舞蹈，在以马克笔铺陈的浓郁底色上，于裙摆的层次中，拼贴数不胜数五彩斑斓的蝴蝶，它们似乎会在舞动间倾巢而出（黄煌绘）

图 6-30 用马克笔和纸胶带拼贴结合，表现丰富的服饰图案效果（梅伊霖绘）

图 6-31 用纸胶带拼贴表现不同图案的服装，拼贴出的长发让画面充满流动感（石凯文绘）

图 6-32 人物的主体服饰由大量的彩色铅笔屑拼贴而成，不同彩铅削下的笔屑会在木屑边缘保留不同的颜色，加之笔屑的形态弯弯曲曲，组合在一起形成富有童趣、天真烂漫的视觉感受（赖嘉亮绘）

图 6-34 用大量的亮片按照服装的结构变化拼贴出炫目的礼服效果（张瑜绘）

图 6-33 人物使用水彩设色，画面的亮点在于裙摆处粘贴了孔雀羽毛，将修剪过的羽毛层层叠叠，在裙摆边修饰蓝色的长羽毛。天然的羽毛富有光泽和鲜艳的色彩，为画面增添了颜料无法匹及的效果（张瑜绘）

6.2.3 纸面损坏和添加的技法

为表现一些特殊的面料，如表面粗糙不平，有凹凸感，混杂粗纺肌理效果的面料，在着色之前对纸面进行特殊的处理，使光滑平整的纸面破损，即在需要画的部位，用水微微打湿，再用橡皮擦毛纸面，使其粗糙不平，这样着色时，色彩就变得浓淡不一，厚实粗糙，得到令人出乎意料的效果。当然也可选用多种金属物来按照预设的肌理效果处理纸面，如用大头针刮伤纸面，预留出皮草中针毛的效果；牙签留在纸面上的印痕，表现手工织造的粗布的感觉。

在着色时进行添加的方法也能达到特殊的肌理效果，如在刚上好颜色的部位趁湿时撒上肥皂粉或者细盐，使这些细小颗粒物借水分化开，形成斑斑点点的痕迹，这种自然溶解的水迹是单纯用画笔表现不了的；也可在颜料中掺杂一些沙粒、胶水等来表现服装，以期达到特殊的肌理效果。如用水彩的脱胶剂把图面中不需着色的部分覆盖起来，在其他部分上好颜色，再把脱胶剂揭下，就很轻易地预留出想要的图案。

将缝、钉、绣等在面料上经常应用的工艺手段和纸结合起来，也会赋予服装绘画真实的质感，营造出三维的立体效果，从而丰富服装绘画的语言和形式（图6-35~图6-42）。

图6-36 把纸揉皱再摊平后着色，纸面损坏后涂上的颜色就吸收得多，且形成深而不规则的纹理，模仿扎染的效果很逼真（吴波绘）

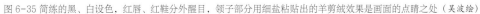

图6-35 简练的黑、白设色，红唇、红鞋分外醒目，领子部分用细盐粘贴出的羊剪绒效果是画面的点睛之处（吴波绘）

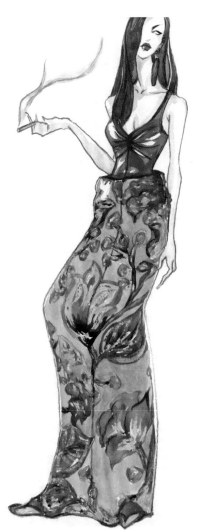

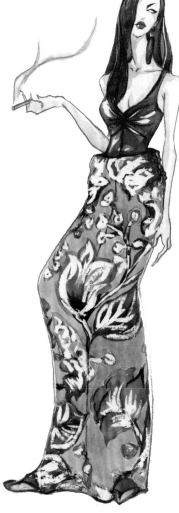

图 6-37 用脱胶剂来表现有图案的面料效果（吴波绘）　图 6-38 揭开脱胶剂后的效果（吴波绘）

图 6-39 在背心和靴子处分别用牙签刮出想要的肌理效果后再着色，被刮过的痕迹显露出来，材料的质感逼真，也丰富了画面的处理手法（吴波绘）

图 6-40 在纸面上用小铃铛缝出上衣的形状，用缝纫线表现垂坠而轻松的裙子，借用服装的配件和辅料表现服饰（靳丹妮绘）

图6-41 以缝纫线当笔在纸面上描画出一人一猫的生活场景，生动传神（孙海橙绘）

图6-42 三位人物脖子处的围巾由刺绣工艺完成，选用具有民族特色的图案和配色，给清冷的画面基调增添一抹暖意（胡纯珂绘）

6.3 数码时装画的绘制

随着科技的发展，信息传播的速度越来越快，计算机作为一种新兴工具，越来越广泛地应用于生活的各个领域，数字化的表现方式被更多地应用到时装画的制作当中，数码时装画的特点是绘制方便快捷，同一画面可根据需要呈现不同的画面效果，对于公司和企业来说，实用性更强。虽然目前还没有很成熟的时装绘画专用电脑绘画软件用于服装设计的表达，但是借用某些绘画软件的特殊功能，可在服装设计表达中模拟出更加逼真的效果，在短时间内更换材质、配色，从而提高表现力及设计效率。

常用的设备包括电脑、扫描仪、数码相机、数字画板、打印机等。

美国Adobe公司的Photoshop图像软件和加拿大Corel公司的Painter绘画软件等是制作数码时装画的常用软件。

Photoshop是功能强大的图形、图像编辑软件，可以通过多种途径对原图、扫描图、幻灯片等进行处理，可以在很大程度上将选择工具、绘画和编辑工具、颜色矫正工具及特殊效果功能结合起来，对图像进行编辑处理（图6-43~图6-46）。

例如将手绘线描稿扫入电脑，在电脑中进行颜色、肌理、不同笔触的加工处理。把电脑中先进的技术和我们不常备的工具用到绘图中，如喷笔的使用，就省却了缺少喷绘工具的烦恼；另外，运用电脑软件的一些特性，例如拷贝图章的使用便于表现逼真的图案，阴影效果的处理使图面更具立体感等。要使用电脑绘制效果图，必须掌握电脑应用软件的基本操作方法，操作得当，相信会达到理想效果。

Painter绘画软件被冠以最具创造性的软件之名，与一般图形处理软件不同的是，它能模拟现实中作画的绘图工具和纸张效果，并提供电脑作画的特有工具，为直接在电脑中绘制时装画提供了极大的便利，使得从起稿、勾线、着色到最后的细节处理全部在电脑中完成，如同在纸上绘制一样简单明了，水彩画、铅笔画、油画、水墨画的效果，都能轻易绘出。当然，这要求绘图者本身具有较高的绘画水平，熟练操作电脑，在画板上充分把握人物形象的绘制和处理，特别是需要有耐心，一点一点修正，才能达到好的效果。

　　时装绘画作为一种独特的艺术形式，伴随着我国服饰文化的普及和发展而逐步被人们所认识，并随着人们对它的不断尝试和研究在技巧方面日臻完善。许多绘图者在表现技法上博采众长，尝试采用其他画种的技法技巧、工具材料、表现形式，创作了丰富多彩、各具特色、个性鲜明的时装绘画。在此章节，提供了丰富的资料素材供读者学习和参考。为使读者更好地研究学习这些作品，笔者在绘画技巧及材料的运用方面作了一些简要的介绍，便于大家更好地理解和掌握。

图 6-46 用 Photoshop 软件绘制的时装画四（吴波绘）

图 6-43 用 Photoshop 软件绘制的时装画一（张文辉绘）

图 6-44 用 Photoshop 软件绘制的时装画二（张文辉绘）　　图 6-45 用 Photoshop 软件绘制的时装画三（张文辉绘）

6.4 设计与创意表现

在目前的国际国内各类服装服饰设计大赛中，主办方多会要求参赛者提供设计效果图、灵感来源、款式图、面料小样、设计说明等，这就对设计师在图面的表达中提出了更高、更全面的要求。设计师对灵感来源的诠释方式在很大程度上决定了最终的表现手法。以不同类型的赛事要求来给学生做命题设计，在从灵感到表现方式的把握上选取最优的效果加以呈现，让学生学会以灵感为原点，从设计角度出发，以更多维度对设计作品进行展现，从而丰富自己的设计表达，为成为设计师和时装

插画师积蓄能量。设计类大赛和时装画类大赛的作品区别之处在于，时装画大赛更加侧重于图面的绘画语言、气氛渲染、情绪传达等，不拘泥于工艺、材质、可完成度等现实条件的限制，也就是笔者在第一章中强调的时装画的属性更加明显。设计类赛事则多以完成实物为最终目的，在图面的表达上就会更加贴近现实。针对不同选题，如何艺术化且有效地表现自己的设计想法，也成为这一阶段主要的训练目标。通过以下几个范例来说明设计和创意表现之间的关系（图6-47~图6-54）：

COLORS

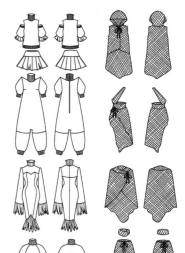

图6-47 以海洋动物被垃圾束缚自由以致身体畸形，甚至导致畸变和死亡相关的图片作为灵感来源。由动物衍生的服装和渔网状的服装形态相结合，选取四种较典型的海洋生物作为服装基本形态的来源，提取其典型特征，并使用渔网束缚不同部位，使人们能设身处地地感受自己为海洋动物设下的牢笼（关畅绘）

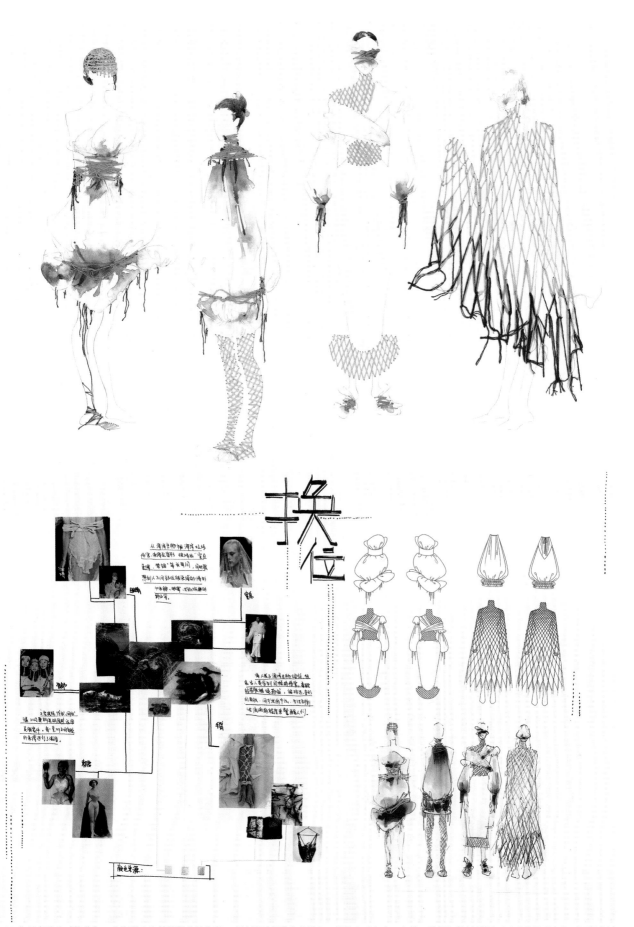

图 6-48 作品名称为《换位》，从海洋生物被海洋垃圾伤害、束缚甚至变形的事例中，提炼出"窒息、束缚、禁锢"等关键词，同时联想到人体不同部位被束缚的情形，如束腰、眼罩等。该设计试图将人类与海洋生物"换位"，想象当人类受到同样的伤害时，柔软的皮肤被绳子勒住，被挤压变形。作品主要提炼了线状、网状元素，并将塑料的透明质感运用在服装中，使用夸张的手法，以红色模拟皮肤破裂渗出的鲜血，希望借此警醒人类（汤曼琳绘）

乘风破浪

灵感来源

本系列服装的灵感来源为在冬季前后的中华传统节日，以冬装为主，同时以红、黄两种暖色为主要配色，既体现了中国风，又给人以温暖的视觉体验。

在冬装的基础上，加入了传统文化中鞭炮、糖葫芦、灯笼、烟花以及传统服饰的元素，想要给人活泼童趣的感觉。

图6-49 本系列服装的灵感来源为中华传统节日，以冬装为主，同时以红、黄两种暖色作为主要配色，既体现了中国风格，又给人以温暖的视觉感受。在冬装的基础上，加入了鞭炮、糖葫芦、灯笼、烟花等传统元素（刁芸婷绘）

图6-50 本系列服装根据"元宇宙"设计大赛的主题要求，提取云朵和电路板元素运用到服装设计中，体现自然与科技的相互融合，在色彩上以黑、白为主要配色，通过水墨晕染的方式凸显云朵柔软的特质，展现和谐共生的概念（苏竣瑶绘）

图6-51 以泉州浔埔女独特的服饰风格为灵感。将她们以鲜花装饰的发髻，俗称"簪花围"的头上花园进行元素提取和再创造，并添加颜色进行图案设计，运用在服饰的局部中（秦朗绘）

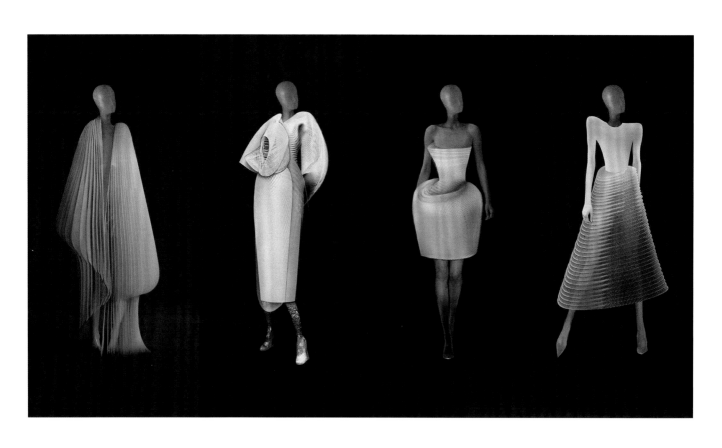

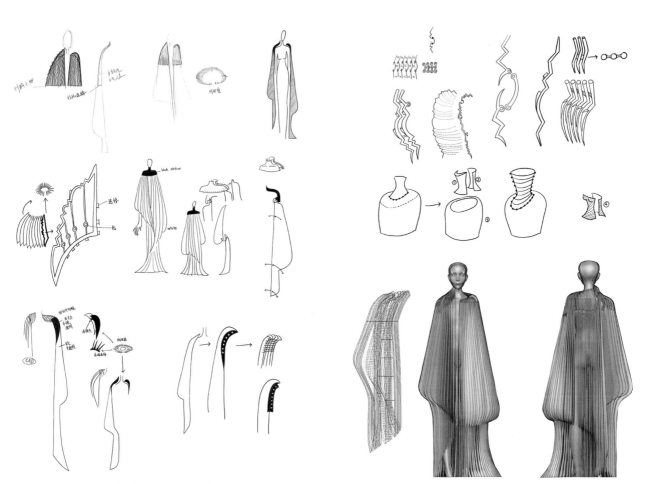

图 6-52 作品灵感来源于对于中国传统文化的当代解读，通过新技术手段描绘记忆中的东方文化形态，挖掘、继承传统文化的神韵（毕然绘）

图 6-53 服装整体由 3D 打印完成，使用了 C4D、Blender 等建模软件以及 3D 扫描等技术。用当代语汇呈现科技与文化相融合的视觉美感，串联出历史、科技和未来的关系

图 6-54 最终成衣展示

6.5 创意思维拓展

经过专业训练,有一定绘画基础的学生,有些会形成个人绘画的既定风格,有些还在模仿阶段,但往往都会受限于自己对形、色的认知。为了打破这种对自我风格的限制,可在教学中设定1~2个思维拓展训练环节:一是根据上课的学生人数,将7~10人分为一组,小组可以讨论绘画内容的关联性,也可以无主题自由发挥,每位学生都以自己认定的时装绘画表达形式开头,十分钟后轮换给下一位学生,由小组内学生每隔十分钟轮换接续完成一幅作品,作品最终回到起稿的学生手中,整理后提交。这个训练过程激发了学生的创作热情,形成了良好的互动关系,从中也可以看出每位学生在画面中体现出的不同特点,有的学生擅长于定基调,在初始的画面中已经布好局,后续的创作者基本会沿着他的思路完成作品,而有的学生则预留了更多的可能性,在其他创作者手中形成了新的画风。虽然绘制这类时装画的时长较短,但绘画的效果可圈可点,也有学生表示这是自己最有趣、最满意的一幅作品。下面是一组由7人共同完成的限时创意思维拓展训练作业,从中可看出作品既包含了每个学生对时装绘画的解读,也于矛盾中体现出微妙的和谐,最重要的是让学生体验到一幅时装绘画的创作有多种可能性,从而拓宽、丰富自己的表达思路(图6-55~图6-61为小组限时思维拓展训练——轮次分时绘画合作系列作品)。二是以时装绘画的形式要求学生限时完成一幅自画像,让每个人都成为自己画面中的主角,通过时装绘画的视角可以反映理想中的自我形象,同时又要能体现出自己的个性特征,对抓住时尚在每个个体身上的表达提供创作时装绘画的新思路,在限时训练结束后,要求学生将姓名写在作品反面,其他学生通过画面来判断作者是谁,基本上学生都能将画作与本人对上号,画面反映出作者的性格、审美、喜好等,是让时装绘画贴近生活的一种有趣表达(图6-62~图6-67)。

图6-55 小组合作系列作品一

图 6-56 小组合作系列作品二

图 6-58 小组合作系列作品四

图 6-57 小组合作系列作品三

图 6-59 小组合作系列作品五

图 6-60 小组合作系列作品六

图 6-61 小组合作系列作品七

图 6-62 限时自画像作品一（胡馨尹绘）

图 6-64 限时自画像作品三（张笑语绘）

图 6-63 限时自画像作品二（关畅绘）

图 6-65 限时自画像作品四（江永祺绘）

图 6-66 限时自画像作品五（汤曼琳绘）

图 6-67 限时自画像作品六（张乐云绘）

 练习题：

◆ 油画棒综合技法表现图 1 张，用 8 开水彩纸。

◆ 彩铅水彩法表现图 1 张，用 8 开水彩纸。

◆ 马克笔表现图 1 张，用 A4 复印纸。

◆ 色粉笔表现图 1 张，用 8 开水彩纸。

◆ 拓印法表现图 1 张，用 8 开水彩纸。

◆ 拼贴法表现图 1 张，用 A3 复印纸。

◆ 纸面损坏法或添加法表现图 1 张，用 16 开水彩纸。

第七章　时装画家作品赏析

时装绘画作为和服装服饰艺术设计相生相伴的艺术门类，从印刷术发明以来的纸媒传播到现今的数字媒体传播，始终有很多活跃的时装画家在用这一艺术表现手法来展现服装服饰艺术的多面性：有基于现实设计作品的二次创作，包括对实物描摹的取舍、人物动态的夸张、细节的优化处理等，从而提升服装服饰设计的艺术价值；也有以服装服饰为载体和媒介构建当下生活方式、个性表达的创作，延伸到招贴、品牌推广等。本章为国际、国内活跃的时装插画师作品的集结，他们以不同的绘画形式和风格探索时装绘画的多样性表达，对拓宽展现和服装服饰相关的艺术形式的维度起到借鉴和学习的作用。

7.1 塞西莉亚·卡尔斯特德（Cecilia Carlstedt）

瑞典时尚插画师塞西莉亚·卡尔斯特德擅长将水墨、丝网印刷、拼贴画等传统绘画媒介与Photoshop等现代技术相结合。有趣的事物，往往能够激发她的创作灵感，比如不寻常的色彩组合、有趣的表情、书中的一段描述等。塞西莉亚的时装插画将传统工艺与现代技术以她对绘画的独特理解巧妙地结合起来。画风是抽象、精致、细腻且富有诗意的，其独特之处在于她善于把握色彩的流动性、笔触的精确度，以及主体对象与

图 7-1 塞西莉亚作品一

画面留白的比例关系。2003年她创建个人工作室，开始了自己的插画生涯，并为众多客户提供服务，如施华洛世奇（SWAROVSKI）、巴黎欧莱雅（L'ORÉAL PARIS）、雅诗兰黛（ESTÉE LAUDER）、莲娜丽姿（NINA RICCI）、《时尚》（*Vogue*）、酩悦·轩尼诗－路易·威登集团（LMVH）、兰蔻（LANCÔME）等（图7-1～图7-6）。

图 7-2 塞西莉亚作品二

图 7-3 塞西莉亚作品三

图 7-4 塞西莉亚作品四

图 7-5 塞西莉亚作品五

图 7-6 塞西莉亚作品六

7.2 沙梅赫·布卢维（Shamekh Bluwi）

沙梅赫·布卢维是一位沙特阿拉伯裔视觉艺术家，常驻约旦，数年来，他养成了每天画速写的习惯。沙梅赫·布卢维在安曼应用科学大学完成了建筑专业的学习后，逐渐找到了属于自己的艺术风格。他除了手绘外，也从事数码绘画、现场写生、展示设计等其他艺术领域的工作，他认为社交媒体是时尚艺术复兴的关键因素。他合作过的知名客户包括宝格丽（BVLGARI）、萧邦（Chopard）、美国时装设计师协会（CFDA）、全美音乐奖（American Music Awards）、雅诗兰黛（ESTÉE LAUDER）、娇韵诗（CLARINS）、贝玲妃（Benefit）、联想（Lenovo）、锐步（Reebok）等（图7-7~图7-9）。

图7-7 沙梅赫作品一

图 7-8 沙梅赫作品二

图 7-9 沙梅赫作品三

7.3 塞缪尔·哈里森（Samuel Harrison）

塞缪尔·哈里森是一位常驻英国伦敦的时尚插画师，他在中央圣马丁学院和切尔西艺术学院学习绘画时曾受"展示工作室"（SHOW Studio）之邀为时装周创作了系列插画。近年来，塞缪尔·哈里森的时尚插画风格虽然在不断发展，但其核心是以时尚与美妆为灵感，并专注于铅笔表现面料褶皱与垂坠感，他还在个人账号中分享作画视频以及一些在服装上直接绘制的插画作品。他与日本版《时尚芭莎》（*Harper's Bazaar*）、照片墙（Instagram）、Adobe公司、*Vogue*杂志在内的众多客户合作（图7-10~图7-12）。

图 7-10 塞缪尔作品一

图 7-11 塞缪尔作品二

图 7-12 塞缪尔作品三

7.4 杰拉尔多·拉雷亚（Gerardo Larrea）

杰拉尔多·拉雷亚是秘鲁利马的时装插画师、时装编辑、创意总监和造型师。他的风格是平面化的、色彩丰富、有趣，时而带有讽刺意味，他将人物放置于动感而奇幻的情境中使他们相互作用。他创作的时装插画曾刊登在荷兰时装杂志（L'Officiel）、Skin杂志、拉美Vogue杂志、People en Español杂志、意大利版Style杂志、S Moda杂志、西班牙版《魅力》杂志（Glamour）、印尼版和俄版《时尚芭莎》（Harper's Bazaar）杂志中，曾被包括华伦天奴（Valentino）、马克·雅可布（Marc Jacobs）、米索尼（Missoni）等在内的品牌和设计师在其官方媒体转载和分享（图7-13~图7-15）。

图 7-13 杰拉尔多作品一

图 7-14 杰拉尔多作品二

图 7-15 杰拉尔多作品三

7.5 温馨

中国时尚插画师温馨是湖北美术学院时尚艺术学院教师，清华大学美术学院博士，中国服装设计师协会会员，深圳市插画协会会员。作品入选第十三届全国美术作品展，第一、第二、第三届中国时装画大展，首届中国插画艺术展，全国插画双年展，"初·新" 2019中国时尚回顾展等。担任2018—2022年武汉时尚艺术季系列活动时尚插画板块策展人。合作客户包括浪凡（Lanvin）、华伦天奴（Valentino）、罗伯特·卡沃利（Roberto Cavalli）、茉思奇诺（Moschino）、阿尔伯特·菲尔蒂（Alberta Ferretti）、歌中歌（Song of Song）等国内外一线时尚品牌（图7-16~图7-19）。

图 7-16 温馨作品一

图 7-17 温馨作品二

图 7-18 温馨作品三

图 7-19 温馨作品四

7.6 袁春然

　　袁春然是时尚插画师、首饰设计师，硕士毕业于清华大学美术学院工艺美术系，他一直深爱时尚插画艺术，自2013年开始倾力投入与时装插画相关内容的工作，成果显著。现已出版专著《时装时光——袁春然的马克笔图绘》《追寻麦昆》《马克笔时装画表现技法》；为图书《迪奥的时尚笔记》《时尚的记忆》完成内页插画的创作。在这些著作和作品中，他对具有代表性的服装设计师作品进行了系统梳理、创作和再表达，对时尚经典品牌做出独特的绘画诠释，并在南京艺术学院美术馆、清华大学美术学院美术馆分别举办时装画展"笔笔皆时"（图7-20～图7-23）。

图 7-20 袁春然作品一

图 7-21 袁春然作品二

图 7-22 袁春然作品三

图 7-23 袁春然作品四